作物调亏灌溉理论与技术试验研究

◎刘小飞　孟兆江　著

中国农业科学技术出版社

图书在版编目（CIP）数据

作物调亏灌溉理论与技术试验研究 / 刘小飞，孟兆江著. --北京：中国农业科学技术出版社，2021. 10

ISBN 978-7-5116-5532-5

Ⅰ. ①作… Ⅱ. ①刘… ②孟… Ⅲ. ①作物—灌溉管理—研究 Ⅳ. ①S274.3

中国版本图书馆 CIP 数据核字（2021）第 205531 号

责任编辑 李 华 崔改泵
责任校对 马广洋
责任印制 姜义伟 王思文

出 版 者 中国农业科学技术出版社
北京市中关村南大街12号 邮编：100081
电 话 （010）82109708（编辑室）（010）82109702（发行部）
（010）82109709（读者服务部）
传 真 （010）82106650
网 址 http: // www.castp.cn
经 销 者 各地新华书店
印 刷 者 北京建宏印刷有限公司
开 本 170 mm×240 mm 1/16
印 张 12
字 数 222千字
版 次 2021年10月第1版 2021年10月第1次印刷
定 价 78.00元

前　言

调亏灌溉（Regulated Deficit Irrigation, RDI）是国际上20世纪70年代中期在传统的灌溉原理与方法的基础上，提出的一种新的灌溉策略。其基本概念是：根据作物的遗传和生态生理特性，在其生育期内的某一（些）阶段（时期）人为主动地施加一定程度的水分胁迫（亏缺），调控地上和地下生长动态，促进生殖生长，控制营养生长，调节其光合产物向不同组织器官的分配，从而提高经济产量，达到节水高效、高产优质和增加灌溉面积的目的。调亏灌溉方法关键在于从作物的生理角度出发，根据其需水特性进行主动的水分调亏处理，因而可以说调亏灌溉开辟了一条最佳调控水—土—植物—环境关系的有效途径，不失为一种科学、有效的新的灌水策略。因此，在黄淮海平原等水资源不足地区开展调亏灌溉研究具有重要的理论价值和实践意义。

“七五”至“十五”期间，本书著者在科技攻关、863计划、国家自然科学基金等科技项目的资助下，针对黄淮海平原水资源严重不足问题，基于农业高效用水和可持续发展的观点，通过田间试验与理论分析相结合的方法，较为系统地研究了大田主要作物调亏灌溉理论与技术，先后在国内外学术期刊发表相关学术论文20余篇。撰写本书旨在对已有研究成果做进一步梳理、完善、整合和集成，进而升级为更加系统的理论与技术成果。

本项研究以粮食作物冬小麦（*Triticum aestivum* L.）、夏玉米（*Zea mays* L.）以及经济作物棉花（*Gossypium hirsutum* L.）为试验材料，实行防雨棚下盆栽、筒栽和测坑栽培等人工控制性试验相结合，定性研究与定量研究相结合，常规方法与先进技术相结合，借助一系列先进仪器和设备的有力支持，取得了第一手试验数据，为研究结果的可靠性提供了试验技术上的保证，因而提高了研究结果的通用性，拓展了调亏灌溉研究与应用领域。首先，探讨了作物调亏灌溉的理论依据和生态生理机制，采用系统分析的方法，不仅研究水分调亏时段内作物的生态生理适应性，更侧重于系统研究水分调亏的正效应、后效性和复水后的作物生态生理补偿效应；在此基础上，考虑作物水分散失与光合作用的耦合关系，在提高水分利用效率和光合产物向籽粒（或经济产品）转化效率的目标下，寻求最优调亏灌溉指标，建立调亏灌溉模式；进而对调亏灌溉与营养调节结合及其数学模型进行了试验研究，提高了调亏灌溉的科学性、实用性和可操作性。在国内较少如此系统地对冬小麦、夏玉米和棉花调亏灌溉问题进行研究，因而为作物水分胁迫研究由长期以来的单纯试验性质发展成为一门既有丰富理论基础又有具体操作方法的学科方向提供了理论依据和技术参数，丰富和充实了农田灌溉学科知识。

本书可供从事水利、农业、资源和环境等领域研究的青年科技工作者、高等院校和科研院所的在读研究生等阅读参考。但由于著者水平所限和其他原因，在本书撰写过程中疏漏或错误之处在所难免，敬请各位读者批评指正。

著　者

2021年4月

目　录

1 调亏灌溉研究的依据及其重要意义

1.1 水在国民经济发展中的地位和作用

水是人类和地球上一切生物赖以生存和生产的基本要素。民以食为天，人以水为源，可谓水是生命之源，文明之本，没有水就没有生命，当然也就没有文明。随着世界工农业生产的飞速发展，水资源的浪费、污染与日俱增，淡水资源日益减少，水资源缺乏问题已成为社会经济增长的主要制约因素。因此，水资源作为一种特殊的自然资源，其安全问题已引起国内外政府部门及国际组织的关注，并成为21世纪全球资源环境的首要问题，人类开始重新认识水资源在国民经济和社会发展中的地位与作用。

水资源的自然作用是滋润土地，使之成为人类和地球上其他生物生息繁衍的地方。如果没有水，就必然没有生命的痕迹，更无从谈起灌溉、航运、养殖等水资源功能的开发与利用。因此，世界上公认水资源在一个国家中的最重要地位与作用是：第一，水资源是一个国家综合国力的重要组成部分；第二，水资源的开发利用与保护的水平标志着一个国家的社会经济发展总水平；第三，水资源的供需失去平衡，会导致一个国家的经济和社会发展的被动。正是因为如此，各国均高度重视水资源在国民经济和社会发展中的地位与作用。我国政府曾明确强调，“要把水利作为国民经济的基础产业，放在重要战略地位”。此外，在其他场合我国领导人也有类似的讲话和指示，这些有助于全社会认识水利事业的基础地位与作用。

1.2 水资源现状与发展节水灌溉的意义

1.2.1 世界水资源及其利用现状

当今世界面临着人口、资源与环境三大问题，其中水资源是各种资源中不可替代的一种重要资源，水资源问题已成为举世瞩目的重要问题之一。地球表面约有70%以上面积为水所覆盖，其余约占地球表面30%的陆地也有水存在，但只有2.53%的水是供人类利用的淡水。由于开发困难或技术经济的限制，到目前为止，海水、深层地下水、冰雪固态淡水等难被直接利用。比较容易开发利用的、与人类生活生产关系最为密切的湖泊、河流和浅层地下淡水资源，只占淡水总储量的0.34%，还不到全球水总量的万分之一，如此少的可利用淡水使全球水资源面临巨大的压力。2001年3月22日，第九个“世界水日”纪念日，联合国环境规划署在内罗毕发出报告，强调世界水危机已严重威胁人类生存。2001年12月3—7日在德国波恩召开了以“水——可持续发展的关键”为主题的国际淡水会议，来自世界30多个国家、国际组织和非政府组织的2 000多名代表参加了会议。由此可见，全世界都在关注水资源问题。

人口的快速增长再加上工业化、城市化、农业集约化和大量使用水的生活方式导致全球性水危机。1900—1995年，全球用水量从6 000亿m^3增加到38 000亿m^3，增加了5倍，是同期人口增幅的2倍以上。根据水资源紧张状况划分标准（WMO等，1997），世界上已经有约1/3的人口居住在中度或重度缺水的国家，即水消耗量占可再生淡水供应的10%以上。联合国的报告显示，2025年世界用水总量将达到44 840亿m^3，届时遭受水资源短缺困扰的世界人口将增加到总数的2/3，人均可利用水资源量将从1990年的7 800m^3减少到2025年的4 800m^3。非洲和西亚的缺水问题最为尖锐，但在包括中国、印度和印度尼西亚在内的许多地区，水资源缺乏问题已经成为工业和社会经济增长的主要制约因素。全球淡水资源状况（数量和质量）的下降将会成为21世纪环境与发展议程的突出问题。

在大多数发达国家和经济转型国家，许多经济进步都是以严重破坏自然环境为代价的。在20世纪中，世界湿地面积已经减少半数，造成重大的生物多样性损失。在发展中国家，所有大城市的地表水和地下水水质都在迅速恶化，威胁人的健康和自然价值。根据世界水理事会2000年发布的《全球水展望》统计，目前世界上有12亿人（占全球人口的1/5）得不到安全饮用水，有30亿人（占全球人口的1/2）缺乏卫生设施，每年有300万～400万人死于水致性疾病。普遍的水位下降带来严重的问题，因为它造成水短缺，又造成沿海地区的海水侵蚀。许多大城市都存在饮用水的污染问题，密集使用农药和化肥在许多地方已经导致化学品渗漏到淡水供应当中。过度使用化肥造成的硝酸盐污染和日益加重的重金属影响几乎所有地方的水质。全球淡水供应量不会增加，越来越多的人口依靠这一固定的供应，而越来越多的水源被污染。水安全将会像粮食安全一样，在今后几十年中将成为世界上许多国家和地区的重点问题。

从全球范围来看，农业占淡水消耗量的70%以上，主要用于农作物的灌溉。农业对水的需求预计还将大幅度增加。在城市地区，生活用水需求增长的速度非常快，特别是在发达国家或发展中国家。欧洲和北美洲是目前仅有两个工业用水量超过农业用水量的地区。预计到2025年，工业用水量将为现在的1倍以上。在一些国家，工业用水的需求增长速度更快，例如，到2030年，中国工业用水的需求将增至5倍以上。

地下水为全球大约1/3的人口提供用水，地下水的抽取量大于蓄水层的自然补充能力，在阿拉伯半岛、中国、印度、墨西哥和美国的一些地方都普遍存在。其中一些地方，地下水位已经下降了数十米。水位下降使土地下陷加剧，造成海水侵入地下水和地面沉降。有限的供应能力，污染和水需求增长，已经使抽取地下水的成本越来越高。同时我们也越来越清楚地看到，良好的水资源管理可以解决许多污染和水资源短缺方面的问题。例如，在世界上"水荒最严重的两个国家——约旦和以色列，通过实施有效的灌溉策略，大多数居民都已经得到了足够的安全用水供应。

1.2.2 中国水资源及其利用现状

1.2.2.1 中国水资源概况

（1）水资源总量。根据2005年全国水资源公报统计数据资料显示，我国水资源总量为28 053亿m^3。其中地表水26 982亿m^3，地下水8 091亿m^3，由于地表水与地下水相互转换、互为补给，扣除两者重复计算量7 020亿m^3，与河川径流不重复的地下水资源量约为1 071亿m^3。我国人均水资源量约2 200m^3，仅为世界平均值的1/4。按照国际公认的标准，人均水资源低于3 000m^3为轻度缺水；人均水资源低于2 000m^3为中度缺水；人均水资源低于1 000m^3为重度缺水；人均水资源低于500m^3为极度缺水。我国目前有16个省（区、市）人均水资源量（不包括过境水）低于严重缺水线，宁夏、河北、山东、河南、山西、江苏6个省（区）人均水资源量低于500m^3。

（2）水资源主要特点。总量并不丰富，人均占有量更低。我国水资源总

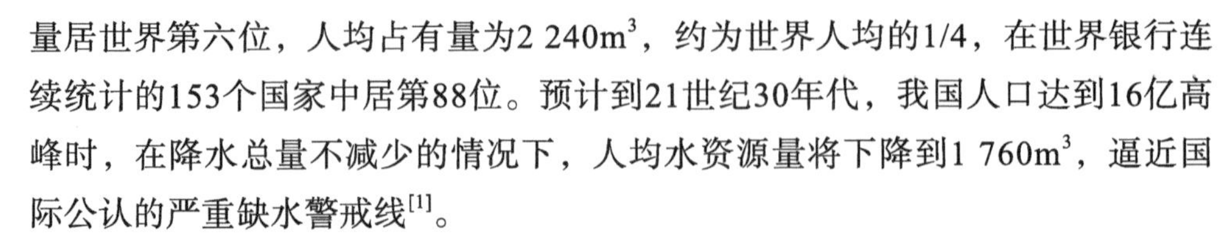

量居世界第六位，人均占有量为2 240m^3，约为世界人均的1/4，在世界银行连续统计的153个国家中居第88位。预计到21世纪30年代，我国人口达到16亿高峰时，在降水总量不减少的情况下，人均水资源量将下降到1 760m^3，逼近国际公认的严重缺水警戒线[1]。

时空分布不均，水土资源不匹配，水资源分布状况与国民经济的布局和发展之间严重错位。长江流域及其以南地区国土面积只占全国的36.5%，其水资源量占全国的81%；淮河流域及其以北地区的国土面积占全国的63.5%，耕地占全国总面积的51%，人口占全国总数的40%，我国多数的重要能源及化工基地均分布在该地区，但其水资源量仅占全国水资源总量的19%，许多区域的人均水资源已大大低于1 700m^{3}的缺水警戒线[1]，缺水问题相当严重。年内年际分配不匀，旱涝灾害频繁。大部分地区年内连续4个月降水量占全年的70%以上，连续丰水或连续枯水年较为常见[2]。

1.2.2.2 中国水资源开发利用状况

（1）水资源开发利用分析。2000年全国用水总量5 498亿m^3，其中农业用水3 784亿m^3，占68.8%；工业用水1 139亿m^3，占20.7%；生活用水575亿m^3，占10.5%。从开发利用程度分析，全国水资源开发利用率达到20%，水资源开发利用程度最高的海河流域地表水控制利用率达到94%，平原区浅层地下水开采率为100%，水资源总量消耗率达到96%。从用水指标分析，全国人均用水量430m^3，万元GDP用水量610m^3，万元工业产值用水量78m^3，农田灌溉亩（1亩≈667m^2，全书同）均用水量479m^3，城镇生活人均用水量为每日219L，农村生活人均用水量为每日89L[3]。

（2）水资源开发利用中存在的主要问题。

供需矛盾日益加剧：首先是农业农村干旱缺水。随着经济的发展和气候的变化，我国农业，特别是北方地区农业干旱缺水状况加重。目前，全国仅灌区每年就缺水300亿m^{3}左右。20世纪90年代年均农田受旱面积2 667万hm^2，干旱缺水成为影响农业发展和粮食安全的主要制约因素；全国农村有2 000多万人口和数千万头牲畜饮水困难，1/4人口的饮用水不符合卫生标准。其次是城市缺水。我国城市缺水现象始于20世纪70年代，以后逐年扩大，特别是改革开放以来，城市缺水越来越严重。据新华社2004年3月21日报道，到20世纪末，在全国663个建制市中，有400个城市供水不足，其中110个严重缺水，年缺水约

100亿m^3，每年影响工业产值约2 000亿元[4]。进入21世纪，我国水资源供需矛盾进一步加剧。据预测，2010年全国总供水量为6 200亿～6 500亿m^3，相应的总需水量将达7 300亿m^3，供需缺口近1 000亿m^3，2030年全国总需水量将达10 000亿m^3，全国将缺水4 000亿～4 500亿m^3[4]，水资源供求关系极度紧张。

用水效率不高：农业是我国的用水大户，用水总量4 000亿m^3，占全国总用水量的70%，其中农田灌溉用水量3 600亿～3 800亿m^3，占农业用水量的90%～95%。农业用水中的浪费现象相当严重，首先是农田灌溉水的利用率低，平均仅为45%左右；其次是农田对自然降水的利用率低，仅达到56%；最后是农业用水的效率不高，其中农田灌溉水的利用效率仅有1.0kg/m^3左右，旱地农田水分的利用效率为0.60～0.75kg/m^3。发达国家早在20世纪40—50年代就开始采用节水灌溉，现在很多国家实现了输水渠道防渗化、管道化，大田喷灌、滴灌化，灌溉科学化、自动化，灌溉水的利用系数达到0.7～0.8，灌溉水的利用效率达2.0kg/m^3。另外，工业用水浪费也十分严重。目前我国工业万元产值用水量约80亿m^3，是发达国家的10～20倍；我国水的重复利用率为40%左右，而发达国家为75%～85%。我国城市生活用水浪费也十分严重，据统计，全国多数城市自来水管网仅跑、冒、滴、漏损失率为15%～20%[5]。

水环境恶化：2000年污水排放总量620亿t，约80%未经任何处理直接排入江河湖库，90%以上的城市地表水体、97%的城市地下含水层受到污染。由于部分地区地下水开采量超过补给量，全国已出现地下水超采区164片，总面积18万km^2，并引发了地面沉降、海水入侵等一系列生态问题。

水资源缺乏合理配置：华北地区水资源开发程度已经很高，缺水对生态环境已造成了影响。目前黄河断流日益严重，却每年调出90亿m^3水量接济淮河与海河，因此，对水资源的合理配置和布局，区域间水资源的调配要依靠包括调水工程在内的统一规划和合理布局。

经济发展与生产力布局考虑水资源条件不够：在计划经济体制下，过去工业的布局，没有充分考虑水资源条件，不少耗水大的工业却布置在缺水地区；耗水大的水稻却在缺水地区盲目发展，人为加剧了水资源合理配置的矛盾。

综合上述，我国水资源总量并不丰富，地区分布不均，年内分配集中，北方部分地区水资源开发利用已经超过资源环境的承载能力，全国范围内水资源可持续利用问题已经成为国家可持续发展战略的主要制约因素。

1.2.2.3 中国水资源面临的形势与挑战

21世纪初期是我国实现社会主义现代化第三步战略的关键时期，根据国民经济和社会发展预测，以下几个因素成为水资源需求的主要驱动力。

（1）人口增长。2030年我国人口达到高峰，接近16亿，预测2030年城镇生活用水定额为每人每天218L，农村生活用水定额为每人每天114L，则2030年生活用水量为951亿m^3。

（2）城市化发展。2030年城市化水平达到40%左右，城市工业和生活用水比例将进一步提高，农业用水基本维持现状水平。

（3）产业结构调整。2030年国内生产总值达到53.8万亿元，三次产业的结构调整为7.9：48.5：43.6，预测2030年工业产值达到106.8万亿元，工业重心由南向北，由东向中西部转移，加重本已紧张的北方水资源形势，考虑产业结构的调整，2030年工业需水量达到1 911亿m^3。

（4）粮食安全。在粮食立足自给的基本国策下，按人均占有粮食450kg计算，人口高峰期的粮食产量要达到7亿t，通过节水措施提高农业水有效利用率，农业灌溉用水维持在现状水平，即每年3 900亿m^3。根据权威部门的预测结果，在不增加现有农田灌溉用水量的情况下，2030年全国缺水高达1 300亿～2 600亿m^3，其中农业缺水500亿～700亿m^3。

综合上述，到2030年，社会经济发展对水资源的需求低限达到7 100亿m^3，在现状供水能力的基础上增加1 400亿m^3。经专家分析，扣除必需的生态环境需水后，全国实际可能利用的水资源量为8 000亿～9 000亿m^3，上述估计的用水量已经接近合理利用水量的上限，水资源进一步开发的潜力已经不大。国家防洪安全、生态安全、粮食安全，以及人民生活水平的提高和经济社会可持续发展对水资源保障提出了更高的要求。

1998年Brown发出的“中国的水资源短缺将震撼世界的食物安全”[5]，虽有失偏颇，但却为人们敲响了警钟，水资源处于国家战略资源的重要地位，其管理和利用关系到我国经济社会的可持续发展。正确认识水资源问题，积极投入水资源管理是中国乃至世界生存和发展的大事。

1.2.3 发展节水灌溉的意义

21世纪是我国经济的大发展时代。我国21世纪的农业发展，一方面面临人民生活水平不断提高、人口进入高峰期和社会经济持续发展对农产品需求量不断增加的巨大压力，另一方面又面临人多地少，后备耕地资源有限、现有耕地面积由于建设占用而持续减少的问题。我国今后要增加的农作物产品产量，主要靠提高单位面积产量来实现。然而，在我国的季风气候条件下，无论北方或南方地区在没有灌溉保证条件下，要实现高产稳产是不可能的。因此，我国农业所面临的巨大压力和矛盾，必然要逐步转移到农业供水上来。而要大幅度增加我国农业供水量是非常困难的，若按现状用水需求状况外延，我国21世纪的农业发展所面临的供水危机，将比以往任何时期都要严峻。解决上述危机的根本出路，是大力发展规模化农业高效节水，提高大范围农业水肥利用率和单位水量、肥料的农产品产出率。同时还要加强对中低产田改造和水土保持、水土资源环境保护与改良等。这就迫切需要立足国情，研究和发展农业高效用水技术、农田排水改良技术、水土保持技术、水土环境控制与改造技术，既要提高土壤的生产力和农作物产量，又要保持水土资源的持续利用。因此节水灌溉技术研究不仅是我国国民经济和社会可持续发展所要求的，也是我国农业资源，尤其是水资源短缺、水土资源配置失衡等严峻形势所决定的。农业节水对保障国家水安全、粮食安全和生态安全，推动农业和农村经济可持续发展，具有重要的战略地位和作用。我国农业缺水问题在很大程度上要依靠节水予以解决，发展节水灌溉是提高中国农业水资源利用效率、维护农业生态环境和实现农业可持续发展的重要途径。加强对我国节水农业技术的研究，以科技创新促进生产力发展，建立与完善适合我国国情的现代节水农业技术体系，必将对21世纪我国农业可持续发展乃至整个国民经济的发展产生突破性的作用。

水资源紧缺已成为严重制约我国国民经济可持续发展的瓶颈，而节水灌溉是解决我国水问题的根本出路。若将农田灌溉水的利用率由目前的45%提高到发达国家70%的水平，则可节水900亿～950亿m^3，如同时提高水的利用效率，农业节水后不仅可满足7亿t左右的食物生产用水，还能节约出400亿～500亿m^3的水量用于国民经济的其他重要行业，这无疑会对未来的国家经济持续发展和社会安全稳定作出重大贡献。

1.3 作物节水灌溉的理论依据

1.3.1 物种资源的生理抗逆机制与对缺水的适应能力

物种资源中存在着一系列对水分亏缺的适应机制，可用来增加作物在遭受干旱逆境时的定植、生长、发育和生产能力。这种机制表现为干旱时的逃旱（或避旱）和耐旱（或抗旱）作用。水分生理学研究表明，受水分胁迫的许多作物都表现了脯氨酸（PRO）和脱落酸（ABA）的积累。PRO的增加对于渗透性的调节具有重要作用，作物通过渗透调节，能使细胞内渗透势大于周围环境的渗透势，以便维持细胞内一定膨压，有利于保持水分和各种代谢过程的进行及抗渗透胁迫能力的增强。ABA的积累可能对气孔关闭有某种作用，从而减少和调节蒸腾强度，有利于作物保持一定水分。这种生理适应能力随作物种类和品种不同有较大差异，可对作物的耐性增加和延迟胁迫的适应机制作出生理解释和揭示，有利于节水灌溉作物品种、种类分析和选择[6]。

不同作物和品种对水分的亏缺敏感反应不同，集中表现在其水分利用效率（Water Use Efficiency，WUE）的差异上，是一个可遗传的性状，如作物种间WUE存在的差异通常可达2～5倍。而作物品种间WUE差异较小，但常常很显著，如不同品种小麦的WUE相差可达40%，即表明达到相同产量的不同品种小麦，消耗水量可相差40%，现代栽培品种WUE最高与最低相差约1倍。又如小麦与马铃薯对干湿交替供水方式反应最好，玉米最差，这些为缺水条件下选择管理方式和合理布局提供了重要依据，同时也为在节水农业中培育抗旱和高WUE品种指明了方向[7]。

1.3.2 作物吸水的土壤水分特征及土壤水分的有效性

有关研究表明，某些土壤水分特征曲线在接近田间持水量处，水分有效性下降很快，而在田间持水量40%～80%范围内，土壤水分被作物利用的有效性下降非常缓慢，在此范围内的土壤水分对作物吸收的影响，几乎同等有效（其能态指标接近）。这类土壤从田间持水率的70%降低到50%时，其叶水势并不明显下降。而当叶片渗透势和含水率降低到40%以下时，才与70%的供水植株的叶片表现有明显的差异（西北水保所，1987；1989）。这一研究结果表明，在干旱和半干旱地区，土壤水分的有效性与植物吸水率相关，保持低含水量水平，不会使作物遭受明显干旱而大幅度减产，为非充分灌溉和农业节水并获得中等以上的产量提供了可能。华北地区冬小麦的研究也表明，整个生育期适宜土壤含水率的下限可控制在田间持水率的50%～60%[6]，显著区别于过去的70%或以上的结论，为节水灌溉提供了土壤水分物理学的重要依据。

1.3.3 作物全生育期对水分亏缺的敏感性差异

植物生长的数量和质量决定于细胞分裂、延伸及分化，由于膨胀性生长是植物对水分亏缺反应敏感的生理学过程，水分亏缺比任何其他因素都更易降低植物的生长。当发生水分亏缺时，对缺水最敏感的各器官细胞的延伸生长减慢。作物各部分的分生组织，同样也是随其水势的降低，分生速率减慢，严重缺水时分生细胞分裂过程几乎停止。缺水还对作物组织和器官衰老、脱落及死亡产生促进作用。因此一般认为，水分亏缺最普遍的影响是植株的大小及产量的降低。水分亏缺对几个与产量密切关联的生理过程有不同的影响，其先后顺序为生长—蒸腾—光合—运输（Turner，1989）。若水分亏缺发生在作物生长过程的某些“临界期”，有可能使作物严重减产。如对有扬花期的作物，最普遍的临界期是开花的授粉期，因为花粉的生产量及其生活力都可以因此时的水分亏缺而严重下降。

水分亏缺对作物生长和产量的影响是复杂的。许多具有高产潜力的作物品种，在有效养分供应充分条件下生长时，其产量可能完全因生育期中的少量水分亏缺而下降。如果作物主要依靠栽培，获得最高产量时总难免要产生一些无效水分消耗，节水就具有潜力（Howe and Rhoades，1955）；如果作物在养分供应不足条件下栽培，水分的中等亏缺对产量的影响极其微小，在这种条件下，根据最低因素法则，产量的限制因子是养分，而不是与水分有关的光合速率（Stanberry and Lowrer，1963）。然而有些作物（如甜茶）只是在生长前期吸取大部分养分，而在生长后期才制造碳水化合物，这些作物即使在中期出现很重的土壤水分亏缺，对产量也不会有太大的影响[6]。又据研究，小麦后期亏水虽然减少营养生长，但确能改善产品的品质，如增加了小麦蛋白质的含量。

1.3.4 作物的有限缺水效应和补偿生长效应

（1）作物有限缺水效应[8]。水分亏缺也并不总是降低产量，关键在于水分亏缺的时间及允许程度。Turner（1989）研究认为，早期适度水分亏缺，对某些作物有利于增产，如玉米、小麦、向日葵、花生、豆科牧草等。国内许多研究也证实，植物各个生理过程对水分亏缺的反应各不相同，水分胁迫可以改变光合产物的分配，因此水分胁迫并非完全是负效应，特定发育阶段、有限的水分胁迫对提高产量和品质是有益的；同时作物在某些阶段经受适度的水分胁迫，对于有限缺水具有一定的适应性和抵抗性效应，植物在水分胁迫解除后，会表现出一定的补偿生长功能，在某些情况下，水分亏缺不仅不会降低作物的产量，反而能增加产量，提高水分利用效率。

（2）作物缺水的“滞后作用”和缺水消除后的“补偿作用”。作物缺水（单阶段或多阶段）的生理抗逆过程是一个受逆境影响的连续过程，某阶段（i）缺水不仅影响本生育阶段，还会对以后阶段（$i+1$，…）的生长发育和干物质积累产生“后遗性”影响，称“滞后效应”（Hsiao，1988）。经过短期适度水分亏缺后的灌溉补救，由于作物生命活动具有一定的补偿生长能力，在以后一段时间又会获得较快补偿生长。这种补偿生长对“后遗性”影响的挽救能力大小取决于水分亏缺发生阶段、亏缺程度及持续时间，也取决于相邻阶段的生理关联性等因素。

1.4 调亏灌溉国内外研究进展与现状

1.4.1 调亏灌溉理论的提出及其基本概念

20世纪50年代以前，农业以“丰水高产型”的充分灌溉（Full Irrigation）为主要特征，其特点是适时适量的满足作物的需水要求，追求的是单位面积的高产而较少考虑水的效益[9]。20世纪70年代初，充分灌溉理论发展到了最高峰，但也逐渐暴露出用水量大、效益低等缺陷[10]。

20世纪60年代中期，Jensen和Sletten研究发现，水分亏缺对高粱的影响仅当每次灌前土壤的相对有效含水率下降至25%以下时，产量才会较大幅度降低，并以此提出了限水灌溉的有效性，当时称亏缺灌溉（Evapotranspiration Deficit Irrigation，EDI），又称非充分灌溉（Non-Full Irrigation）或限水灌溉（Limited Irrigation）。

20世纪70年代中期澳大利亚持续灌溉农业研究所Tatura中心正式提出调亏

灌溉（Regulated Deficit Irrigation，RDI）问题[11]，其基本概念是，根据作物的遗传和生态生理特性，在其生育期的某一或某些适当阶段，人为主动地对其施加一定程度的水分亏缺，以影响作物的生理和生化过程，对作物进行抗旱锻炼，提高作物的后期抗旱能力，调节其光合产物向不同组织器官的分配和运转，调控地上部分和地下部分生长动态，促进生殖生长，控制营养生长，从而提高经济产量和改善品质，即通过作物自身的变化实现高水分利用率，达到节水高产、优质高效和增加灌溉面积的目的[11，12]。

1.4.2 调亏灌溉研究发展的历史阶段

20世纪70年代中期问题[13]，RDI一经提出，首先在桃树、梨树等果园内进行了可行性探索研究[14，15]。结果表明，尽管水分亏缺会直接威胁果树长势使之产生萎蔫现象，但光合作用和有机物由叶片向果实的运输过程所受影响甚小。

20世纪80—90年代是调亏灌溉研究领域硕果累累的主要时期，其研究的重心在于节水增产功效与机理，并涉及果树的果实品质问题。这一时期的大量文献显示，调亏灌溉可以有效地控制果树的营养生长，而增加或不减少果实生长和产量；增加可溶性固体浓度和果实生长前期的淀粉含量，增加果实硬度，改善果实品质[16-18]。最重要的研究[13，19，20]成果之一是调亏灌溉的节水增产机理基本得以阐明。主要有两种解释：一种是从作物的生态生理角度进行说明，另一种是从分子水平加以阐释。首先是根系的决定作用。调亏灌溉是通过土壤水的管理来控制植株根系生长，从而调控地上部分的营养生长及其叶水势；叶水势可以调节气孔开度，而气孔开度则对光合作用和水分利用起着重要作用。在这一系列的生理作用过程中，根系起着决定性的作用。因为当对植株进行分根交替灌溉处理时[21]，置于受旱处理区的根系吸水受到抑制，其叶水势、膨压和脱落酸（ABA）含量不变，而大部分气孔明显关闭。据此推测，在植株受旱时，根系产生某种物质，并运输到叶片中央，使气孔开度受到控制，从而导致光合和蒸腾等生理过程发生变化，最终影响到收获产量的变化[22]。其次，在亏水期间植株不同组织和不同器官对水分的吸收能力有差异，对水势的敏感性不同，因而在亏水期所获得的水量也有所不同。气孔开度作用于植株的生理过程中，细胞膨大对水的亏缺最敏感，光合作用和有机物由叶片向果实的运输过程则次之。这种敏感性的差异引起的结果是，营养生长受抑制时，果实可以积累有机物，使自身的生长不会明显降低；在果实的快速膨大期，因在水分调亏期细胞的扩张受到抑制而产生积累的代谢物，在复水后可供给细胞壁的合成以及其他与果实生长有关的过程，使生长得以补偿，产量不至于下降。需要强调的是，水分胁迫一定要适度，如果胁迫程度过大或历时过长，细胞壁则会因之变得比较坚固，即使复水也不能恢复扩张，从而导致产量下降。这些机理为在调亏灌溉领域进行定性化和可操作化的深层次研究提供了理论依据[13，23]。

进入21世纪，调亏灌溉研究侧重于果树果实品质的改善，除测试有机质变化外，更进一步深入到无机离子的测试；测试指标也由定性描述转向定量化指标。主要研究结果是，在桃树生长季节之初，仅维持较低水平的土水势，而在果实膨大期内实行频繁的灌水，结果节约了大量的用水，也改善了品质[24，25]。

国外总的情况是，RDI提出以来，绝大部分的研究集中在果树（主要是桃树和梨树）方面，极少涉及粮食和蔬菜作物。可以认为RDI的应用研究到目前为止，在国外基本等于RDI在果树栽培方面的应用研究。

国内调亏灌溉研究于1988年起步[26]，研究对象是桃树。田间试验结果证实了RDI技术应用于桃树果园，可大幅度提高果树产量及果品品质，减少田间工人劳动强度，大大节省果园的灌溉用水量，为农业节水领域开辟了一条有效的新途径。

1998年康绍忠等把调亏灌溉研究拓展到粮食作物小麦和玉米上，研究了调亏灌溉对玉米生理指标及水分利用效率的影响，结果表明，苗期中度亏水结合拔节期轻度亏水，既能提高作物产量，又能提高水分利用效率[27]。

1996—2000年笔者在国家“九五”攻关项目资助下，对夏玉米、冬小麦调亏灌溉问题进行了试验研究，主要包括作物调亏灌溉的生态生理机制、冬小麦、夏玉米调亏灌溉指标与模式和调亏灌溉与农艺技术的结合等[28，29]。

进入21世纪以来，RDI逐渐成为国内农田灌溉研究领域的热点。

2000年程福厚等[30]以盛果期的鸭梨树为试材，研究了在梨树生长的不同时期水分亏缺对鸭梨果实生长、产量及品质的影响。结果表明，在鸭梨果实生长的前中期实施调亏灌溉，显著降低了成熟期果实的果形指数，中期控水处理在解除亏缺后呈现显著地加快生长。前期控水处理期间，果实干物质的含量略高于对照，但并未抑制果实的生长发育和最终果实大小，对产量、单果重、果实品质及贮藏性有提高的趋势。

2001年黄兴法等[31]研究了充分灌溉与RDI下苹果树微喷灌的耗水量。研究结果表明，与充分灌溉相比，RDI产量基本不减少，而灌水量减少17%～20%，耗水量减少10.2%～11.2%。

2003年程福厚等[24]研究了调亏灌溉条件下鸭梨营养生长、产量和果实品质的反应。研究结果表明，在采收时各水分胁迫处理与对照相比，在产量、单果重和果实可溶性固形物含量方面无显著差异。

2004年陈小青等[25]进行了膜下调亏灌溉对梨树产量和品质的影响及其节水效应研究。结果表明，在梨树萌芽至果实膨大前期进行水分胁迫的处理较对照能显著降低净光合速率（P_n）和蒸腾速率（T_r）。在采收时RDI处理较对照对产量、单果重均无显著不良影响，各处理均未发生裂果现象。

2006年马福生、康绍忠等[32]在温室条件下研究了RDI对梨枣树水分利用效率与枣品质的影响。结果表明，温室内外的参考作物蒸发蒸腾量（ET_0）变化趋势相同，温室内的ET_0值高于外部，二者呈极显著的线性关系（R^2=0.950 1）；不同调亏处理均降低了相应调亏时期的土壤水分消耗速率，同时也降低了梨枣树的叶片蒸腾速率和光合速率，开花—坐果期和果实成熟期调亏处理提高了叶片水分利用效率，而果实膨大期调亏处理降低了梨枣树的叶片水分利用效率；各调亏处理并未对枣品质的所有指标起到提高和改善作用，成熟期未灌水处理在对平均单果重、枣维生素C含量和可溶性蛋白含量产生负面影响很小的情况下，提高了枣的有机酸含量和可溶性固形物含量，总体上改善了枣品质。综合考虑不同调亏处理对梨枣树各项指标的影响认为，果实成熟期重度调亏处理在减产不显著条件下，改善了枣的品质，明显提高了水分利用效率，是实施调亏灌溉的最佳阶段。

2007年郭海涛、邹志荣等[33]在大棚条件下研究了RDI对番茄生理指标、产量品质及水分生产效率的影响。结果表明，不同生育期水分亏缺可以显著抑制番茄体内蛋白合成，根活力下降，脯氨酸、丙二醛含量有不同程度的上升；RDI可以提高番茄果实品质，调亏度越高品质也越容易得到改善。轻度调亏处理的果实品质明显改善，可溶性总糖、维生素C和有机酸含量均与对照差异显著。常莉飞、邹志荣等[34]研究了RDI对温室黄瓜生长发育和产量及品质的影响。结果表明，温室黄瓜初花期土壤水分含量为60%～90%田间持水量，结果期土壤水分含量保持65%～90%田间持水量对提高果实品质最为有利，该处理果实的还原糖、可溶性总糖、维生素C、可溶性蛋白质的含量分别比对照高39.94%、31.34%、3.14%、5.47%，且水分利用效率比对照高9.75%；保持60%～90%田间持水量节水效果最显著，比对照高18.84%，但果实品质明显不如65%～90%田间持水量。王锋、康绍忠等[35]对大田西瓜进行了RDI试验，结果表明，水分亏缺同时降低了土壤含水率和作物的蒸腾速率，土壤含水率的降低减少了作物的棵间蒸发，二者综合作用降低了土壤的水分消耗速率；开花—坐果期的水分亏缺会同时降低西瓜的蒸腾速率、光合速率和单叶片水平的水分利用效率，并且最终会造成产量的下降；坐果—膨大阶段轻度水分亏缺处理在复水后获得补偿生长的效应，产量高于充分灌水的对照；各调亏处理均不同程度提高了西瓜的维生素C含量和可溶性固形物浓度，其中以坐果—膨大期进行水分亏缺的处理提高程度最大。综合考虑不同调亏处理对西瓜各项指标的影响，坐果—膨大期轻度的水分亏缺不仅提高了果实的维生素C含量和可溶性固形物浓度，而且与对照相比，产量也有所提高，达到了大量节水而不减产，提高水分利用效率、改善果实品质的综合效应，是实施调亏灌溉的理想阶段。

从总体上看，我国在这方面的研究工作虽起步较晚，但发展迅速，研究领域宽广，涉及作物种类多（包括果树、玉米、小麦、棉花、番茄等）。无论是在基础理论方面，还是在实际应用方面，都接近国际水平，在大田粮食作物和经济作物调亏灌溉方面处于国际领先地位。

1.4.3　调亏灌溉与传统灌溉的区别

根据灌至田间的作物可用水量与作物需水量之间的大小关系，可把灌溉划分为丰水灌溉、充分灌溉和非充分灌溉三大基本类型。

丰水灌溉是指作物可用水量超过作物需水量的一种丰水高产灌溉方式。随着水资源的全球性短缺，丰水灌溉已经退出历史的舞台。

充分灌溉是指当土壤水分达到或接近适宜土壤含水率下限前进行灌溉，并以不产生根层土体内排水，即达到田间持水率则停止灌水。在考虑了天然降水和地下水对耕层的补水作用后，利用水量平衡原理确定灌水定额及灌水时间，满足了“适时适量”的传统灌溉要求。充分灌溉的主要特征是作物在各个生育阶段所需的水分都得到满足，即作物处于最佳水分状态，配合相应的农业技术，作物产量达到最高。这种以单位面积产量最高为目标的灌溉方法，适用于水源丰富的地区，其水分利用效率不一定很高。

非充分灌溉或亏缺灌溉是指作物实际蒸发蒸腾量小于潜在蒸发蒸腾量的灌溉或灌水量不能充分满足作物需水量的灌溉。亏缺灌溉的中心思想是作物可用水量小于作物的需水量，因此就存在如何把这有限的水量在作物全生育期以及作物不同根区最优分配的问题。为了解决这个问题，近些年来，国内外专家学者提出了许多新的节水灌溉概念和技术，诸如非充分灌溉、局部灌溉、膜下滴灌、调亏灌溉和分根交替灌溉等[36, 37, 38]。这些灌溉技术从不同角度对有限水量的时空分配提出很多切合实际的方法，对由传统的丰水高产型灌溉转向节水优产型灌溉，提高水分利用效率，起到了积极的作用并产生了显著的效益。根据充分灌溉的定义，实际隐含了非充分灌溉不能保证作物的各个生育阶段都能处于水分最佳状态，必然使作物的产量下降。非充分灌溉研究的主要目标在于探索不同生育阶段水分亏缺对作物产量的影响，寻找各生育阶段作物水分敏感指数，将有限的水量合理地分配到各个生育阶段，使单方水的效率最高。其主要手段是在作物的非临界期减少灌水，而把有限的水量集中在作物的需水临界期。从这种意义上来讲，非充分灌溉是对干旱逆境的一种被动适应策略。

调亏灌溉是近些年提出的新的节水灌溉概念中的一种。调亏灌溉自提出之日，就把自己定位成一种在增加产量、不减少产量或者少量减少产量的前提下的新的节水灌溉策略。笔者认同调亏灌溉是非充分灌溉技术体系的一个分支，是对非充分灌溉技术体系的完善与发展的观点[39]。因为调亏灌溉与非充分灌溉具有同样的理论基础（作物水分生产函数等）以及生物学基础（气孔控制理论等），它们拥有共同的目标就是解决有限水量的时空最优分配问题。调亏灌溉的研究发展应该建立在非充分灌溉已有研究成果的基础上，在充分吸收利用非充分灌溉研究成果的同时，进一步完善自己的基础研究。但笔者又认为调亏灌溉与非充分灌溉又确有重要区别，因为调亏灌溉在非充分灌溉研究的基础上增加了作物不同生育阶段不同程度水分亏缺对最终产量影响的研究，对作物不同生育期不同程度水分亏缺的适应性、水分亏缺正效应、水分亏缺的后效性和水分亏缺结束复水后的补偿效应进行深入的研究与利用。根据作物不同生育阶段对不同程度水分亏缺反应的研究成果，优化在敏感指数基础上获得的有限水量分配结果，人为主动地调控作物不同生育阶段水分亏缺的程度，以影响作物的生理生化和产量形成过程，对作物进行抗旱锻炼，提高作物的后期抗旱能力，即通过作物自身的变化最终实现高水分利用效率。因此调亏灌溉是一种主动利用水分亏缺正面影响的灌溉技术，是对传统灌溉理论的一种突破。从这些重要特征上讲，调亏灌溉又确属独立于非充分灌溉的一种新的灌水策略，具有非常广阔的发展与应用前景。

调亏灌溉与充分灌溉的区别不仅在于前者存在水分亏缺，更重要的是对作物生长最佳水分状态的不同理解。按照传统灌溉理论，供水充足，作物生长旺盛，单位面积产量高，即认为作物处于最佳水分状态。而调亏灌溉的研究表明，在作物生长的某一阶段进行调亏处理，可以不减少或增加产量。如果调亏灌溉和密植相结合，调整作物的群体结构，则增产效果更好。这表明，作物供水充分并不一定是适于高产的最佳水分环境。如果将调亏灌溉对作物品质的改善等因素考虑进去，以高产、优质、节水作为最终的追求目标，这种现象会表现得更加明显。因此调亏灌溉对原来的一些认识提出了质疑。

尽管调亏灌溉开始主要以提高水分利用效率为目标，但是调亏的效果已远不止于此。调亏灌溉还可以控制营养器官生长，减少生长冗余，使果树高度变低，剪枝量下降，仅经过简单的水分调控措施使果树从乔化稀植转变成矮化密植，而这种转化通常需要经过复杂的育种工作才能实现，从而节省了劳动量和水肥。

调亏灌溉还可以改善果实的品质。果树试验证明调亏灌溉可以提高苹果、梨等果实中可溶性固形物的含量，可使某些果实的贮存期延长等。已有资料证明调亏灌溉对于某些蔬菜的品质改善同样有效。

由此看来，调亏灌溉是比传统灌溉技术更科学、更有效的灌溉技术，它更紧密地把灌溉和作物的生理特性相结合，用辩证的观点对水分亏缺重新进行评价。在减小有害水分亏缺的同时，充分利用其正面效应，从而在实现从设施节水到技术节水的转变中又前进了一步。因而可以说调亏灌溉开辟了一条最佳调控水—土—植物—环境关系的有效途径，不失为一种更科学、更有效的新的灌水策略。

1.4.4 调亏灌溉的生物学基础

1.4.4.1 调亏灌溉的节水机理

调亏灌溉理论认为根系对水分利用率的提高起决定作用。调亏灌溉是通过控制土壤的水分供应对根系的生长发育进行调控，从而调控地上部分的营养生长。根是作物的主要器官，地上部分所需要的水分和矿质元素，绝大部分需要根系来提供。根系的生长和发育与土壤水分密切相关，对地上部分的生长和最终产量的影响相当大。因此可以通过对土壤水分的管理，实现对地上部分的调控。

根和冠既相互依赖又相互竞争。在一定的环境条件下，根与冠的比例有一个相当稳定的数值，这是由作物内部的遗传因素决定的。当环境条件发生变化时，根和冠处于竞争地位，植物能够自动把所获得的营养分配给最能缓解资源胁迫的器官，使作物受到的伤害程度最小，以避免物种的灭绝（Bloom，1985），这就是所谓的根冠功能平衡学说。按照这种理论，当土壤干旱，生长受到根系水分吸收不足的限制时，同化物将更多地向根系转移，根系的生长相对有利，而冠的生长受到抑制，地上部分的营养生长缓慢，表现在叶片生长速度下降、叶面积和其他营养器官减少等。叶面积减少，意味着即使在同样蒸腾速率下，作物的蒸腾耗水也较小。营养器官减少，必然引起需水量的下降[40]。

实际上，影响蒸腾耗水更重要的因素是调亏对叶片气孔的调控。土壤水分影响植株水势，而叶水势可以调节气孔开度，气孔开度则对蒸腾、光合和植株水分利用有其重要作用[41]。因而，Blackman认为在植株受旱时，可能由根系产生一种物质并输送到叶片中以控制气孔开度，使光合和蒸腾等生理过程发生变化，影响其水分利用及产量[42]。近年来研究发现，脱落酸（ABA）是控制气孔开度的主要传输信号。当调亏时期土壤逐渐干燥时，木质部携带的ABA信号向叶片输送，叶片ABA浓度增加，使气孔开度降低、阻力增大，蒸腾速率下降，作物的生理耗水减少，叶片水分利用效率提高[40，43]。因此减少作物蒸腾耗水是调亏灌溉节水的一个重要方面。

减少棵间蒸发是调亏灌溉节水的另一条有效途径。在调亏期间，土壤含水量的下限较低，由于表层土壤蒸发和根系吸水，表层土壤的含水量通常都在毛管断裂含水量以下。在这种情况下，下层土壤水分仅能以水汽方式通过上层的干燥土壤向大气散失，水汽通量很小，使得土壤蒸发的水量大大减小[15]。而在一般情况下，小麦、玉米等的棵间蒸发损失要占总需水量的30%左右，在苗期比例更大。相比之下，调亏灌溉减少了棵间蒸发，提高了水分的利用效率。根据试验资料，当玉米苗期调亏下限为田间持水量的50%（田间持水量为干土重的28%）时，调亏末期0～5cm表层含水量为6.8%，而充分供水处理为11%，和充分供水相比，棵间蒸发减少了50%。

1.4.4.2 调亏灌溉的增产机理

20世纪70年代中期，Chalmers等[14，15]对果树调亏的研究结果表明，果树的营养生长受到水分亏缺的影响，但果实的生长所受影响不大，从而为调亏灌溉获得高产提供了一定的理论依据。Rowson等[44]也发现经过控水处理的向日葵与正常相比能多产籽粒。Turner认为，水分亏缺并不总是降低产量，早期适度的水分亏缺在某些作物上有利于增产[45]。还有些研究也得到了同样的结论，同一植株不同的组织和器官、不同的生理过程对水分亏缺的敏感性不同[15]，细胞膨大（依靠膨压维持）和蒸腾速率对水分亏缺最为敏感，而光合作用和有机物由叶片向果实的运输过程敏感性次之[14]。因而在营养生长受抑制时，果实可以积累有机物以维持自身的膨大，使其在调亏期的生长不明显降低，在果实的快速膨大期，即调亏结束重新复水期，由于调亏期细胞的扩张因亏水而受抑制时积累的代谢产物，在水分供应量恢复后可用于细胞壁的合成及其他与果实生长相关的过程，起到补偿生长的效应，以致不会因适度胁迫而引起产量的下降；而如果胁迫程度过大或历时过长，细胞壁可能变得太坚固以致当供水增加时不能再恢复扩张，引起产量下降[43]。

调亏灌溉可使产量的降低不显著，而它的增产效果是通过与密植相结合，调整作物的群体结构[46]，增加灌溉面积来实现的。试验研究表明，适时适度的调亏灌溉可以不减少或增加产量[47]。莱阳试验点1994—1996年的水分试验研究结果表明，小麦产量为6 000～7 500kg/hm^{2}的水平，耗水量下限较常规下降了1 500～3 000mm/hm^2，表明水分利用率的提高起到了增产作用[48]。孟兆江等在对夏玉米的调亏研究中发现，其经济产量的变化趋势是，产量最高的处理比对照提高54.19%，并节水14.75%；另有3个处理分别比对照增产39.68%、17.42%和11.94%，且节水6.71%～16.07%；其余处理与对照相比减产不明显[47]。

作物生长冗余理论和同化物转移的“库源”学说，也为大田作物调亏灌溉提供了理论基础。

1.4.5 调亏灌溉与水分利用效率的关系

调亏灌溉的理论基础之一是适度水分亏缺，提高水分利用效率（Water Use Efficiency，WUE），在兼顾产量的同时能够充分节约用水。对应于产量的3个层次（叶片光合产物、群体光合产物及作物产量），王天铎等（1991）

认为，作物水分利用效率可分为3个层次。

（1）叶片水平上的水分利用效率。也称水的生理利用效率或蒸腾效率，指单位水量通过叶片蒸腾散失时光合作用所形成的有机物量，它取决于光合速率（P_n）与蒸腾速率（T_r）的比值，是水分利用效率的理论值，见式（1-1）。

$$WUE_l=P_n/T_r \tag{1-1}$$

式中，WUE_l为叶片水平水分利用效率，P_n为光合速率，T_r为蒸腾速率。

（2）作物群体水平上的水分利用效率。为作物群体CO_2净同化量与蒸腾量之比，也即群体CO_2通量（F_c）和作物蒸腾的水汽通量（T）之比。群体的水分利用效率与单叶水平相比，更接近实际情况，可表征田间或区域的水分利用效率，见式（1-2）。

$$WUE_c=F_c/T \tag{1-2}$$

式中，WUE_c为群体水分利用效率，F_c为群体CO_2通量，T为作物蒸腾的水汽通量。

（3）产量水平上的水分利用效率。农田单位蒸散水量的产量值，产量可表示为净生产量或经济产量，经济产量更接近农业生产实际；耗水量考虑到土壤表面的无效蒸发，对节水更有实际意义。目前研究最多的也是这个层次上的水分利用效率，是农田、作物节水研究的重要内容。产量水平上的水分利用效率表示，见式（1-3）。

$$WUE_y=Y_c/ET \tag{1-3}$$

式中，WUE_y为产量水平上的水分利用效率，Y_c为经济产量，ET为农田蒸散水量。

对作物用水而言，作物的水分利用效率又可分为3种，一是作物总的耗水量，即蒸散量，这是人们普遍所指的水分利用效率，也称为蒸散效率；二是灌溉水量，得到的是灌溉水利用效率，它对确定最佳灌溉定额是必不可少的，在节水灌溉中意义重大；三是天然降雨，得到的是降雨利用效率，它是旱地节水农业中的重要指标。

传统的丰水高产灌溉理论即充分灌溉，认为在整个生育期内对作物进行充分供水可使作物处于最佳的水分状态，以期获得最高产量。但按照经济原则，产量最高的需水量往往不是最经济的，只有当投入的水量（增加的灌水量）所增加的产量边际效益大于增加需水量的边际费用时，这时的需水量才是经济的。很多研究表明，在充分灌溉中，有相当一部分水分被作物无效蒸腾。调亏灌溉则改变了作物的需水规律，使其在整个生育期内的需水量减少。康绍忠、郭相平等发现玉米苗期调亏，复水后其需水量在拔节期、抽雄期均低于对照，只在灌浆期高于对照，但总需水量仍较非调亏处理有所下降[27，49]。因此适当降低供水量可以提高水分利用效率。事实上作物产量最高时消耗的水量并不是其水分利用效率最高时所消耗的水量。邓西平在对冬小麦的研究中得到了耗水量与产量、耗水量与水分利用效率之间的回归模型。研究表明，产量和水分利用效率是先随着耗水量的增加而增大，当达到一定值时，水分利用效率先出现最高值，随后随着耗水量的继续增大，水分利用效率反而开始下降，而产量随耗水量增大的最大值出现的时段比水分利用效率的偏后，而且极值出现后，随耗水量的增大产量下降的幅度明显小于水分利用效率的下降幅度[50]。这说明耗水量的适度减小意味着水分利用效率的提高，而如何使产量不显著降低正是调亏灌溉研究的重点。

作物在不同的土壤水分条件下，水分利用效率相差悬殊。光合速率对土壤水分的反应有一阈值，充分灌溉的土壤水分往往超过了光合速率的最高点，光合速率反而有所下降，而蒸腾速率是随土壤水分的增加而增大，且速度快于光合速率，导致水分利用效率下降[50]。陈玉民研究土壤水分与光合速率、蒸腾速率关系时发现，水分利用效率的最大值出现在两条曲线的结合点上，而高于或低于该点都将会导致水分利用效率的下降[51]。

1.4.6 调亏灌溉相关研究存在的问题

综观国内外文献资料和吸收有关专家学者的学术思想，可以认为RDI理论与技术研究尚存在以下几个方面的问题。

（1）作物（尤其是大田粮食和经济作物等）适宜RDI模式的研究。RDI最早应用于果树，且其研究仍然在继续，虽然不同地区、不同品种的RDI结果有一定差异，但就果树的RDI技术而言，其体系已基本成熟。而对大田粮食和经济作物的水分调亏时期、调节亏水度和调亏历时（持续时间）的研究还远远不够，还有待于进一步研究以指导大田作物的优化灌溉。

（2）RDI综合指标的研究。RDI的最终目标是节水、高产和优质，但在调亏过程中，应将影响土壤水分和作物生理、生态的定量指标作为实施RDI的依

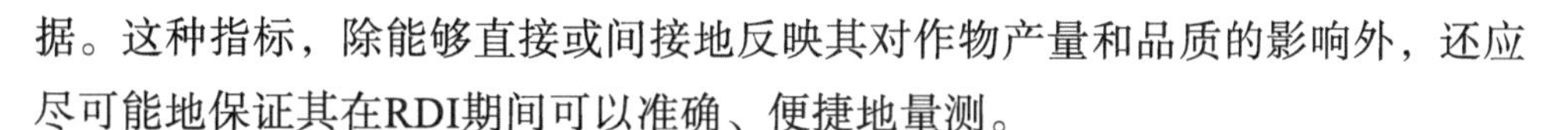

据。这种指标，除能够直接或间接地反映其对作物产量和品质的影响外，还应尽可能地保证其在RDI期间可以准确、便捷地量测。

（3）RDI对作物品质影响的研究。RDI能够改善果树等园艺作物果实的品质，这一点已被有关研究初步证实[25, 30, 32-35]。但RDI对大田作物品质性状的影响研究资料尚不多见，这应成为今后重点深入研究的一个方向。

（4）RDI田间应用研究。RDI的研究与应用虽然目前已不仅限于澳大利亚，世界其他地区也都在进行类似研究，但其研究结果仍有明显的地域局限性；同时，RDI也会影响植物个体的形态和生化变化。因此，有必要对RDI在不同地区、不同生态条件、不同作物RDI与营养调节等农艺技术因素结合等方面，展开充分、广泛的研究，以提高和加强该项技术的科学性、实践性与有效性。

1.5 调亏灌溉研究的目的和意义

水是人类生存和农业可持续发展必不可少的重要资源之一。由于人口的激增，水资源的过度开发和不合理利用，水资源匮乏已成为全球性的问题。世界上因干旱造成的农业减产超过其他因素所造成减产的总和[52]。我国水资源总量约2.8万亿m^3，人均占有量仅为2 200m^3，不足世界人均水平的1/4，且时空分布不均，如黄淮海平原每亩平均可利用水量只占全国的1/5。我国不仅水资源严重紧缺，而且存在严重浪费现象，水分利用效率极低，不足1kg/m^3，与一些先进国家相比存在很大差距，如以色列水分利用效率达2.32kg/m^3；加之部分水体污染严重，不宜用于农田灌溉，从而进一步加剧了水资源的供需矛盾[52]。农业是用水大户，占我国总用水量的70%～80%，其中灌溉用水量占农业用水量的80%以上[53-55]，而一些发达国家农业用水比例多在50%以下，如北美为49%，一些欧洲国家仅占到38%[53]。水对植物生长的不可替代性与全球性淡水资源不足，意味着农业生产必须尽可能高效利用现有水资源。因此，开展土壤—植物—大气连续体系（Soil-Plant-Atmosphere-Continuum，SPAC）水分关系、作物节水灌溉理论、有限水量在作物间和作物生育期内的时空最优分配制度等方面的研究，提高灌溉效率和灌溉效益，已成为世界各国关注的问题。许多专家和学者在传统的灌溉原理和方法的基础上，提出了诸如有限灌溉（Limited Irrigation）、非充分灌溉（Non-Full Irrigation）、控制性交替灌溉（Controlled Alternative Irrigation，CAI）和调亏灌溉（Regulated Deficit Irrigation，RDI）等概念和方法，其基本思想是，以较小的减产为代价，换取大量的用水节约，用所节约的水来灌溉更多的农田，产生总体增产的效果。这些概念和方法的提出与实施，对由传统的丰水高产型灌溉转向节水高产优质型灌溉已经、正在或将要起到积极作用。如何根据作物的遗传和生态生理特性，在其不同的生长发育阶段通过对土壤水分的管理来调节控制和优化其生理机能，达到提高产量、改善品质、提高用水有效性的效果，是当前学术界极其重视的新思路。正是基于这种思路，本研究在已有研究工作取得阶段性成果的基础上，针对相关研究存在的部分问题，继续就调亏灌溉问题进行系统研究，重点研究黄淮海平原冬小麦、夏玉米和棉花调亏灌溉问题。因为黄淮海平原的缺水问题尤为突出，而且该地区是我国粮食和棉花的主产区之一，农作物生育期内的某些阶段遇旱频率较高，实施调亏灌溉的概率大，在该地区开展作物调亏灌溉研究更具理论价值和实践意义。

1.6 研究思路与技术路线

以冬小麦、夏玉米和棉花3种作物为试验材料开展调亏灌溉研究，以期提高研究结果的通用性，拓展调亏灌溉的研究与应用领域。首先，探讨调亏灌溉的作物生态生理机制，采用系统分析的方法，不仅研究水分调亏时段内作物的生态生理变化即作物的适应性，更侧重于系统研究水分调亏的正效应、水分调亏的后效性和复水后的作物生理生态补偿效应；在此基础上，考虑作物水分散失与光合作用的耦合关系，在提高水分利用效率和光合产物向经济产品转化效率的目标下，寻求适宜调亏灌溉指标，建立调亏灌溉模式；最后对调亏灌溉与营养调节等农艺技术因素组合的协同效应及其数学模型进行试验研究，以期提高调亏灌溉的科学性、实用性和可操作性。如此系统地对作物调亏灌溉问题进行研究，为作物水分胁迫研究由长期以来的单纯试验性质发展成为一门既有基础理论又有具体方法的学科方向提供理论依据和技术参数。

本研究技术路线流程如图1-1所示。

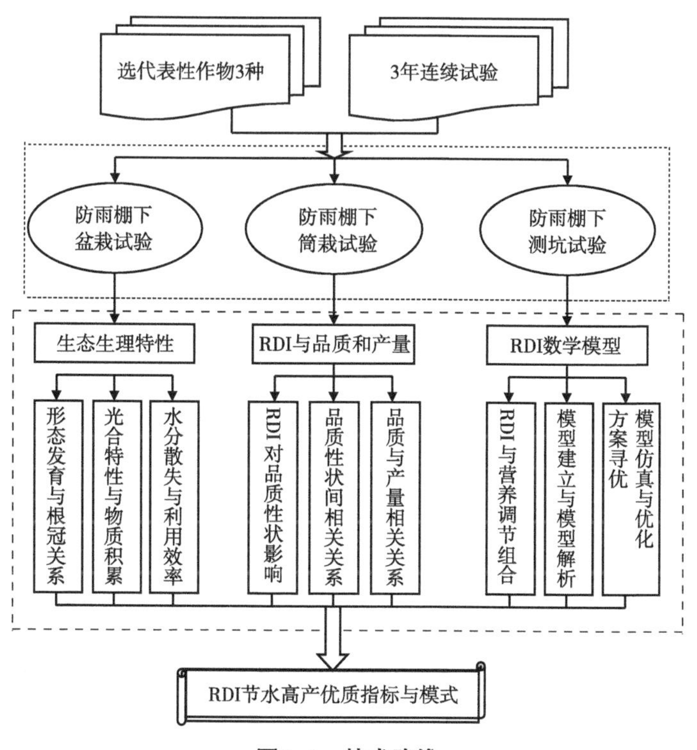

图1-1 技术路线

参考文献

[1] 许迪，康绍忠. 现代节水农业技术研究进展与发展趋势[J]. 高技术通讯，2002（12）：107-108.

[2] 薛志士，罗其友，宫连英，等. 节水农业宏观决策基础研究[M]. 北京：气象出版社，1998.

[3] 我国水资源的状况与利用[J]. 信息空间，1998（3）：36-37.

[4] 姜文来. 中国21世纪水资源安全对策研究[J]. 水科学进展，2001，12（1）：66-71.

[5] BROWN L R，HALWEIL B. China's water shortage could shake world food security [J]. World Watch，1998，11（4）：14-16.

[6] 陈亚新，史海滨，魏占民. 高效节水灌溉的理论基础和研究进

展[J]. 灌溉排水，1999，18（增刊）：38-42.
[7] 山仑，张岁岐. 节水农业及其生物学基础[J]. 水土保持研究，1999（1）：2-6.
[8] HAISO T C. Limits to crop productivity imposed by water deficits[C]. In Abstract of the International Congress of Plant Physiology，1988.
[9] 康绍忠，蔡焕杰. 农业水管理[M]. 北京：中国农业大学出版社，1996.
[10] 李洁. 亏缺灌溉的发展与现状[J]. 节水灌溉，1998（5）：21-23.
[11] 康绍忠，蔡焕杰. 作物根系分区交替灌溉和调亏灌溉的理论与实践[M]. 北京：中国农业出版社，2002.
[12] 郭相平，康绍忠. 调亏灌溉——节水灌溉的新思路[J]. 西北水资源与水工程，1998，9（4）：22-25.
[13] 史文娟，胡笑涛，康绍忠. 干旱缺水条件下作物调亏灌溉技术研究状况与展望[J]. 旱农业地区研究，1998（2）：84-88.
[14] CHALMERS D J，VAN DEN ENDE B. Productivity of peach trees factors affecting dry-weight distribution during tree growth [J]. Ann Bot，1975，39：423-432.
[15] CHALMERS D J，WILSON I B. Productivity of peach trees：tree growth and water stress in relation to fruit growth and assimilate demand [J]. Ann Bot，1978，42：285-294.
[16] CHALMERS D J，MITCHELL P D，HEEK L. Control of peach tree growth and productivity by regulated water supply，tree density and summer pruning [J]. Journal of American Society for Horticultural Science，1981，106（3）：307-312.
[17] MITCHELL P D，CHALMER D J. The effect of regulated water supply on peach tree growth and yields [J]. Journal of American Society for Horticultural Science，1982，107（5）：853-856.
[18] MITCHELL P D，JERIE P H，CHALMERS D J. The effects of regulated water deficits on pear growth，flowering，fruit growth and yield [J]. Journal of American Society for Horticultural Science，1984，109（5）：604-606.
[19] JORDI M，JOAN G. Relationship between leaf water potential and gas exchange activity at different phonological stages and fruit loads in peach trees [J]. J Amer Sol Hort Sci，1997，122（3）：415-421.

[20] CHALMERS D J，BURGE P H，MITCHELL P D. The mechanism of regulation of Bartlett pear fruit and vegetative growth by irrigation with holding and regulated deficit irrigation [J]. J Amer Sol Hort Sci，1986，11（6）：944-947.

[21] 梁宗锁，康绍忠，胡炜，等. 控制性分根交替灌水的节水效应[J]. 农业工程学报，1997（4）：58-63.

[22] BLACKMAN P G，DAVIES W J. Root to shoot communication in maize plants of the effects of soil drying [J]. J Exp Bot，1985，36：39-48.

[23] 何华，耿增超，康绍忠. 调亏灌溉及其在果树上的应用[J]. 西北林学院学报，1999，14（2）：83-87.

[24] 程福厚，李绍华，孟昭清. 调亏灌溉条件下鸭梨营养生长、产量和果实品质反应的研究[J]. 果树学报，2003，20（1）：22-26.

[25] 陈小青，徐胜利. 膜下调亏灌溉对新梨7号产量和品质的影响及其节水效应[J]. 山西果树，2004（2）：5-8.

[26] 曾德超，彼得·杰里. 果树调亏灌溉密植节水增产技术的研究与开发[M]. 北京：北京农业大学出版社，1994：5-6，13-14.

[27] 康绍忠，史文娟，胡笑涛. 调亏灌溉对玉米生理指标及水分利用效率的影响[J]. 农业工程学报，1998，14（4）：82-87.

[28] 孟兆江，刘安能，庞鸿宾，等. 夏玉米调亏灌溉的生理机制与指标研究[J]. 农业工程学报，1998，14（4）：88-92.

[29] 孟兆江，贾大林，刘安能，等. 调亏灌溉对冬小麦生理机制及水分利用效率的影响[J]. 农业工程学报，2003，19（4）：66-69.

[30] 程福厚，霍朝忠，张纪英，等. 调亏灌溉对鸭梨果实及营养生长的影响[J]. 邯郸农业高等专科学校学报，2000，17（3）：17.

[31] 黄兴法，李光永，王小伟，等. 充分灌与调亏灌溉条件下苹果树微喷灌的耗水量研究[J]. 农业工程学报，2001，17（5）：43-47.

[32] 马福生，康绍忠，王密侠，等. 调亏灌溉对温室梨枣树水分利用效率与枣品质的影响[J]. 农业工程学报，2006，22（1）：37-43.

[33] 郭海涛，邹志荣，杨兴娟，等，调亏灌溉对番茄生理指标、产量品质及水分生产效率的影响[J]. 干旱地区农业研究，2007，25（3）：133-137.

[34] 常莉飞，邹志荣. 调亏灌溉对温室黄瓜生长发育、产量及品质的影响[J]. 安

徽农业科学，2007，35（23）：7142-7144.

[35] 王锋，康绍忠，王振昌. 甘肃民勤荒漠绿洲区调亏灌溉对西瓜水分利用效率、产量与品质的影响[J]. 干旱地区农业研究，2007，25（4）：123-129.

[36] 李远华，罗金耀. 节水灌溉理论与技术[M]. 武汉：武汉大学出版社，2003.

[37] 蔡焕杰. 大田作物膜下滴灌的理论与应用[M]. 杨凌：西北农林科技大学出版社，2003.

[38] 陈亚新，康绍忠. 非充分灌溉原理[M]. 北京：水利电力出版社，1995.

[39] 丁端锋. 调亏对作物生长和产量影响机制的试验研究[D]. 杨凌：西北农林科技大学，2006.

[40] ANNE-MAREE，BOLAND. The effect of regulated deficit irrigation on tree water use and growth of peach[J]. Journal of Horticultural Science，1993，68（2）：261-264.

[41] CHALMERS D J，MITCHELL P D，JERIE P H. The physiology of growth control of perch an pear trees using reduced irrigation[J]. Acta Horticulture，1984，146：143-148.

[42] BLACKMAN P G，DAVIES W J. Root to shoot communication in maize plants of the effects of soil drying[J]. J Exp Bot，1985，36（1）：39-48.

[43] CHALMERS D J，BURGE P H，MITCHELL P D. The mechanism of regulation of ‘Bartlett’ pear fruit and vegetative growth by irrigation withholding and regulated deficit irrigation[J]. Journal of the American Society for Horticultural Science，1986，11（6）：944-947.

[44] RAWSON H M，TURNER N C. Irrigation timing and relationship between leaf area and yield in sunflowers[J]. Irrigation Science，1983（4）：167-175.

[45] 山仑. 旱地农业技术发展趋向[J]. 中国农业科学，2002，35（7）：848-855.

[46] TURNER N C. Plant water relations and irrigation management[J]. Agricultural Water Management，1990（17）：59-75.

[47] 孟兆江，刘安能，庞鸿宾，等. 夏玉米调亏灌溉的生理机制与指标研究[J]. 农业工程学报，1998（4）：88-92.

[48] 林琪，石岩，位东斌. 土壤水与冬小麦产量形成的关系及节水灌溉方案[J]. 华北农学院，1998，13（3）：1-4.

[49] 郭相平，康绍忠. 玉米调亏灌溉的后效性[J]. 农业工程学报，2000，16（4）：58-60.

[50] 邓西平. 渭北地区冬小麦的有限灌溉与水分利用研究[J]. 水土保持研究，1999，6（1）：41-46.

[51] 陈玉民，孙景生，肖俊夫. 节水灌溉的土壤水分控制标准问题研究[J]. 灌溉排水，1997，16（1）：24-28.

[52] 康绍忠. 新的农业科技革命与21世纪我国节水农业的发展[J]. 干旱在区农业研究，1998，16（1）：11-17.

[53] 山仑，黄占斌，张岁岐. 节水农业[M]. 北京：清华大学出版社，广州：暨南大学出版社，2000：6.

[54] 黄荣翰. 干旱半干旱在区灌溉农业发展的一些问题和发展方向[J]. 灌溉排水，1989，8（3）：1-8.

[55] 康绍忠. 农田灌溉原理研究领域几个问题的思考与探索[J]. 灌溉排水，1992，11（3）：1-7.

2 调亏灌溉对作物根冠生长及其关系的影响

作物生长发育的实质是形态发育尤其是根冠生长关系的外在表现，不同水分条件下形态的生长发育动态与表征，是形态结构及其功能的具体体现，直接关系到人们对作物水分关系的正确认识和对农田水分调控措施的合理制定与实施。在水资源日趋紧缺的情况下，研究调亏灌溉条件下作物根冠生长发育特征及其相互关系，无疑对调亏灌溉的相关理论和实践都具有积极意义。本研究以黄淮海平原地区主要粮食作物冬小麦、夏玉米和主要经济作物之一棉花为材料，研究不同生育阶段不同土壤水分调亏对作物形态发育尤其是根冠生长关系的影响，为该地区主要作物调亏灌溉模式的建立提供理论依据。

2.1 材料与方法

2.1.1 供试材料

2005年10月至2006年6月和2006年10月至2007年6月，以冬小麦（*Triticum aestivum* L.）为试验材料，品种为豫麦49，由河南省农业科学院小麦研究所提供。

2004年6—9月、2005年6—9月和2008年6—9月以夏玉米（*Zea mays* L.）为试验材料，选用品种为郑单14，由河南省农业科学院玉米研究所培育与提供。

2005年6—10月和2006年6—10月以棉花（*Gossypium hirsutum* L.）为试验材料，选用品种为美棉99B，由中国农业科学院棉花研究所提供。

2.1.2 试验方法

冬小麦试验在中国农业科学院农田灌溉研究所作物需水量试验场大型启

闭式防雨棚下进行。该试验场位于河南省新乡市东北郊，东经113°53′、北纬35°19′，属典型的暖温带半湿润半干旱地区。采用盆栽土培法，盆为圆柱形，分母盆和子盆，母盆内径31.0cm，高38cm，埋入土中，上沿高出地面5.0cm；子盆内径29.5cm，高38cm。子盆底部铺5cm厚的沙过滤层，以调节下层土壤通气状况和水分条件。为防止土壤表面水分过量蒸发和土壤板结，子盆两侧各置放直径3cm的细管用于供水（细管周围有小孔，用密质纱网包裹以防堵塞）。取大田0～20cm表土，过筛装盆，每子盆装干土重26kg，土壤质地为轻沙壤土，基础养分含量为有机质18.85g/kg，全氮1.10g/kg，全磷2.22g/kg，碱解氮15.61mg/kg，速效磷72.00mg/kg，速效钾101mg/kg；土壤容重为1.25g/cm^3，田间持水量为24%（重量含水率）。每盆混入200g优质农家肥，全生育期每盆放氮（N）5.6g，五氧化二磷（P_2O_5）2.8g，氧化钾（K_2O）4.2g，其中N 1/2基施，1/2追施。精选种子，于10月16日浸后播种，每盆30粒，出苗后至三叶期定苗，每盆留苗23株，并开始水分处理。采用二因素随机区组设计，冬小麦设置5个水分调亏阶段：三叶—越冬（Ⅰ），越冬—返青（Ⅱ），返青—拔节（Ⅲ），拔节—抽穗（Ⅳ），抽穗—成熟（Ⅴ）；每个调亏阶段设置3个水分调亏程度：轻度调亏（L），中度调亏（M）和重度调亏（S），土壤相对含水量（占田间持水量的百分数）分别为60%～65%FC（Field Capacity），50%～55%FC和40%～45%FC；设对照（CK）1个，土壤相对含水量为75%～85%FC；共5×4=20个处理组合，每个处理重复9次，其中6次用于取样分析，3次用于收获计产。调亏阶段灌水按处理设计水平（低于下限灌至上限），在各生育阶段（水分调亏阶段）结束时复水，即按对照水平（75%～85%FC）控制水分。三叶期开始水分处理，用电子台秤称重法测定土壤含水量，用水量平衡法确定蒸发蒸腾量，每天或隔天称重，当各盆土壤水分低于设计标准时用量杯加水，记录各盆每次加水量，由水量平衡方程计算各时期总的耗水量。试验共用母盆和子盆各180个，子盆置于母盆内，便于称重而不粘泥土。

2004年6—9月和2005年6—9月夏玉米试验在中国农业科学院农田灌溉研究所商丘实验站移动式防雨棚下进行。该站位于河南省商丘市西北郊，北纬34°35′、东经115°34′。采用盆栽土培法，盆为圆柱形，分母盆和子盆，母盆内径31.0cm，高38cm，埋入土中，上沿高出地面5.0cm；子盆内径29.5cm，高38cm。子盆底部铺5cm厚的沙过滤层，以调节下层土壤通气状况和水分条件。为防止土壤表面水分过量蒸发和土壤板结，子盆两侧各置放直径3cm的细管用于供水（细管周围有小孔，用密质纱网包裹以防堵塞）。取大田0～20cm表土，过筛装盆，每子盆装干土重28kg，土壤质地为壤土，基础养分含量为有机质9.3g/kg，全氮0.98g/kg，碱解氮44.02mg/kg，速效磷6.2mg/kg，速效钾112mg/kg；土壤容重为1.34g/cm^3，田间持水量为26%。每盆混入200g优质农家肥，全生育期每盆放N 3.0g，P_2O_5 0.85g，K_2O 1.2g，其中N素1/2拔节追施，1/2孕穗追施。精选种子，于6月14日浸后播种，每盆5粒，出苗后至三叶一心期定苗，每盆1株，并开始水分处理。玉米设置4个水分调亏阶段：三叶—拔节（Ⅰ），拔节—抽穗（Ⅱ），抽穗—灌浆（Ⅲ），灌浆—成熟（Ⅳ）；每个调亏阶段设置3个水分调亏程度：轻度调亏（L），中度调亏（M）和重度调亏（S），土壤相对含水量（占田间持水量的百分率）分别为60%～65%FC，50%～55%FC，40%～45%FC；共4×3=12个处理组合，重复5次；设对照（相对含水量75%～80%FC）5盆；水分调亏阶段灌水按处理设计水平（低于下限灌至上限），在各生育阶段（水分调亏阶段）结束时复水，即按对照水平（75%～85%FC）控制水分。三叶期开始水分处理，用电子台秤称重法测定土壤含水量，用水量平衡法确定蒸发蒸腾量，每天或隔天称重，当各盆土壤水分低于设计标准时用量杯加水，记录各盆每次加水量，由水量平衡方程计算各时期总的耗水量。试验共用母盆和子盆各65个，子盆置于母盆内，便于称重而不粘泥土。玉米排列行距60cm，株距31cm，群体密度53 763株/hm^2。

棉花试验在中国农业科学院农田灌溉研究所商丘实验站移动式防雨棚下进行。该站位于河南省商丘市西北郊，北纬34°35′、东经115°34′。采用盆栽土培法，盆为圆柱形，分母盆和子盆，母盆内径31.0cm，高38cm，埋入土中，上沿高出地面5.0cm；子盆内径29.5cm，高38cm。子盆底部铺5cm厚的沙过滤层，以调节下层土壤通气状况和水分条件。为防止土壤表面水分过量蒸发和土壤板结，子盆两侧各置放直径3cm的细管用于供水（细管周围有小孔，用密质纱网包裹以防堵塞）。取大田0～20cm表土，过筛装盆，每子盆装干土重28kg，土壤质地为壤土，基础养分含量为机质9.3g/kg，全氮0.98g/kg，碱解氮44.02mg/kg，速效磷6.2mg/kg，速效钾112mg/kg；土壤容重为1.34g/cm^3，田间持水量为26%；每盆混入200g优质农家肥，全生育期每盆放N 5.6g，P_2O_5 2.8g，K_2O 4.2g，其中N 1/2基施，1/2追施。精选种子，浸后播种，营养钵育苗，每钵3粒。当棉苗长至5片真叶时由苗床移植至盆中，每盆2株，缓苗后每盆留苗1株，并开始水分处理。采用二因素随机区组设计，棉花设置4个水分调亏阶段：苗期（Ⅰ），蕾期（Ⅱ），花期（Ⅲ），吐絮期（Ⅳ）；每个水分调亏阶段设置3个水分调亏程度：轻度调亏（L），中度调亏（M）和重度调亏（S）；土壤相对含水量（占田间持水量的百分数）分别为60%～65%FC，50%～55%FC和40%～45%FC；共4×3=12个处理组合，重复4次；另设全生育期保持适宜土壤水分处理4盆作为对照（CK），土壤相对含水量分别为60%～65%FC（苗期），60%～65%FC（蕾期），70%～75%FC（花铃期）和60%～65%FC（吐絮期）；调亏阶段灌水按处理设计水平（低于下限灌至上限），在各生育阶段（水分调亏阶段）结束时复水，即按对照水平控制水分。缓苗后开始水分处理，用电子台秤称重法测定土壤含水量，用水量平衡法确定蒸发蒸腾量，每天或隔天称重，当各盆土壤水分低于设计标准时用量杯加水，记录各盆每次加水量，由水量平衡方程计算各时期总的耗水量。试验共用母盆和子盆各52个，子盆放置于母盆内，便于称重而不粘泥土。棉花排列行距60cm，株距31cm，群体密度53 763株/hm^2。

2.1.3 测定项目

2.1.3.1 冬小麦观测项目与方法

在作物主要生育期和各阶段水分调亏期间及恢复供水后，每处理选3盆，每盆选有代表性植株5株挂牌标记，定株调查不同阶段的株高、分蘖数和叶面积等。

拔节期及其以前，株高测量从土壤表面量至所测植株叶子伸长后的最高叶尖；拔节期以后，量至最上部一片展开叶的叶枕，抽穗后量至穗顶（不包括芒长）。

叶面积采用校正系数法，即长×宽×校正系数（0.83）。

根系参数调查采用整盆冲洗法，将盆灌满水浸泡24h后，冲洗泥土并用0.50mm网筛过滤，接着浸泡于1%刚果红溶液中3min，取出后用冷水冲洗，再浸泡于95%的乙醇溶液中3min，用水冲洗后，活根染成红色或淡红色，死根和其他杂质为褐色或无色，拣出死根和杂质。

根长密度采用交叉截获法测定（Newman，1966）：用透明玻璃制成一个浅盘，盘子大小30cm×40cm；将一张方格纸置于盘底，湿根和少量水一起倒入盘内，用镊子把根在方格纸上分散开，使之不相重叠为宜。计数根与方格上纵横线条的交叉点数。根长=11/14×交叉点数×方格间距（cm）。

根系干重采用烘干称重法测定，将采集的根系样品洗净，用无氮吸水纸吸干装袋，并标记密封，带回实验室，放入烘箱，在90℃、鼓风条件下烘30min，然后降温至75℃烘至恒重。

2.1.3.2 夏玉米观测项目与方法

在夏玉米主要生育期和各阶段水分调亏期间及恢复供水后，各处理选有代表性植株3株（盆）挂牌标记，调查不同阶段的株高、生物产量（测定典型植株地上部干重）以及最终的果穗性状和产量，并取其平均值。玉米拔节期及其以前，株高测量从土壤表面量至所测植株叶子伸直后的最高叶尖；拔节期以后，量至最上部一片展开叶的叶枕，抽穗后量至雄穗顶端。

夏玉米叶面积及根系参数测定方法同冬小麦。

2.1.3.3 棉花观测项目与方法

在棉花主要生育期，各处理选有代表性的植株3株（盆）挂牌标记，进行株高、棉铃直径、根系参数等项目观测。

株高用直尺测量，从土壤表面量至主茎顶端（包括花序）；打顶后量至主茎最高处，每5d测量一次。

棉铃直径用千分卡尺测量（用记号笔标记，定位测量），每5d测量一次。

根系参数测定方法同冬小麦。

2.1.4 分析方法

将所得数据分类整理，取2年平均值，采用Excel和DPS分析软件处理分析。

2.2 结果与分析

2.2.1 RDI对冬小麦根冠生长发育的影响

2.2.1.1 RDI对冬小麦根系的调控作用

图2-1所示是不同生育阶段水分调亏结束时测定的各处理的单株平均次生

根数。总体上看，不论土壤水分状况如何，随生育阶段推进，次生根数的变化曲线均呈倒“V”形；在Ⅳ阶段（拔节—抽穗）以前，各处理的次生根数均随生育阶段推进而增加，至Ⅳ阶段达最大值，之后开始下降，只是随水分调亏度加重次生根数下降速度减慢。说明水分调亏可延缓根系衰老。

由图2-1还可看出，不论水分调亏度如何，Ⅱ期、Ⅲ期和Ⅳ期都是次生根发根的主要阶段，只是随水分调亏度加重，次生根发根数减少。Ⅰ期水分调亏对次生根的发根数影响较小；Ⅱ期各水分调亏处理次生根数均较CK减少，减少幅度为2.1%～17.2%，轻、中度调亏与CK差异不显著（$P>0.05$），重度调亏与CK差异达显著水平（$P<0.05$）；Ⅲ期和Ⅳ期水分调亏对次生根数的影响强度较前两期明显增大，Ⅲ期轻、中、重3个水分调亏处理次生根数分别比CK减少21.5%、28.9%和32.6%，与CK差异均达极显著水平（$P<0.01$）；Ⅳ期分别减少18.2%、28.3%和30.6%，与CK差异也均达极显著水平；Ⅴ期水分调亏对次生根数影响程度大幅度减小，各水分调亏处理次生根数较CK分别减少3.4%、5.1%和3.8%，差异达不到显著水平。说明水分调亏对冬小麦植株次生根发根数的抑制作用主要集中在Ⅲ期和Ⅳ期，即返青—拔节阶段和拔节—抽穗阶段。

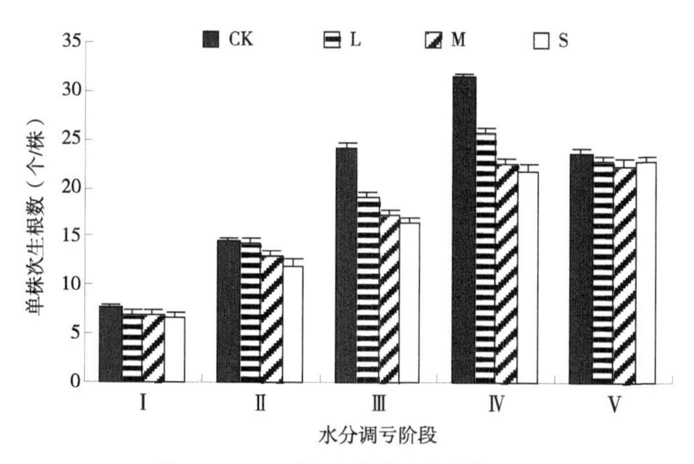

图2-1 RDI对冬小麦次生根数的影响

冬小麦各生育阶段次生根数与土壤相对含水量关系的拟合模型可表示为式（2-1）。

$$y = bx+a \tag{2-1}$$

式中，y表示次生根数（个/株），x表示土壤相对含水量（%），a为回归截距，b为线性回归系数。从拟合模型参数（表2-1）可以看出，Ⅰ、Ⅲ和Ⅳ生育阶段次生根数均与土壤水分呈极显著线性相关，Ⅱ期次生根数与土壤水分呈显著线性相关，Ⅴ期二者无显著相关关系。而回归直线的斜率表示次生根数对土壤水分变化的敏感程度，即回归直线斜率越大，表示次生根数对水分调亏越敏感。由此也可以看出，Ⅲ和Ⅳ期次生根数对水分调亏较为敏感（回归直线斜率分别为0.202 1和0.252 3）。

表2-1　冬小麦不同生育阶段次生根数与土壤相对含水量关系拟合模型

生育阶段	回归方程	相关系数	斜率	样本数n
Ⅰ	$y=0.027\,1x+5.414\,3$	$R^2=0.995\,6$**	0.027 1	4
Ⅱ	$y=0.062\,0x+9.860\,0$	$R^2=0.847\,8$*	0.062 0	4
Ⅲ	$y=0.202\,1x+7.534\,9$	$R^2=0.962\,6$**	0.202 1	4
Ⅳ	$y=0.252\,3x+10.861$	$R^2=0.965\,7$**	0.252 3	4
Ⅴ	$y=0.026\,4x+21.342$	$R^2=0.744\,4$	0.026 4	4

注：*表示0.05水平的显著相关，**表示0.01水平的极显著相关。下同。

小麦籽粒产量的高低，在很大程度上取决于根系的生长发育状况。根干重、根重密度和根长密度是描述根系特性的重要指标。图2-2所示是不同生育期水分调亏阶段结束时测定的各处理的根系参数。从图2-2A可以看出，不论土壤水分状况如何，随生育阶段推进，根重增长曲线均呈倒“V”形。在各生育阶段水分调亏期间，根系干重均随调亏度加重呈下降的趋势，说明水分调亏限制了根系的生长发育。根干重达最大值（在Ⅳ期，即拔节—抽穗期）以后，水分调亏使最大根干重维持时间缩短，说明水分调亏使冬小麦生育后期根系大量衰亡，并且随水分调亏度加重，根系衰亡严重，这与马元喜等的研究结果[1]相一致。冬前水分调亏对根系干重影响不显著；越冬期轻度水分调亏对根重影响不显著，中、重度水分调亏达显著水平；返青期及其以后各阶段，轻度水分调亏达显著水平，中、重度调亏达极显著水平。反映出冬小麦根系在生育前期比生育后期对水分适应能力强的特性，这与前人的研究结果[2-4]一致。

冬小麦各生育阶段根干重与土壤相对含水量的关系拟合模型可表示为式（2-2）。

$$y=bx+a \tag{2-2}$$

式中，y表示根干重（g/盆），x表示土壤相对含水量（%），a为回归截

距，b为线性回归系数。从拟合模型参数（表2-2）可以看出，各生育阶段根干重均与土壤水分呈线性显著相关。而回归直线的斜率表示根干重对土壤水分变化的敏感程度，即回归直线斜率越大，表示根干重对水分调亏越敏感。由此也可以看出，Ⅴ期根干重对水分调亏最为敏感（回归直线斜率为0.219 6），Ⅲ和Ⅳ期次之（回归直线斜率分别为0.157 5和0.123 1）。

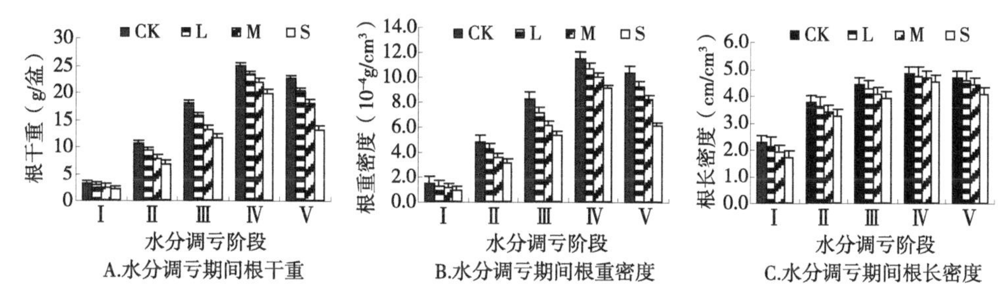

图2-2　水分调亏期间冬小麦根系参数变化

表2-2　冬小麦不同生育阶段根干重与土壤相对含水量关系拟合模型

生育阶段	回归方程	相关系数	斜率	样本数（n）
Ⅰ	$y=0.029\ 1x+0.843\ 2$	$R^2=0.963\ 3$**	0.029 1	4
Ⅱ	$y=0.093\ 3x+3.171\ 8$	$R^2=0.978\ 5$**	0.093 3	4
Ⅲ	$y=0.157\ 5x+5.500\ 3$	$R^2=0.979\ 8$**	0.157 5	4
Ⅳ	$y=0.123\ 1x+15.336$	$R^2=0.948\ 9$**	0.123 1	4
Ⅴ	$y=0.219\ 6x+5.810\ 8$	$R^2=0.889\ 0$*	0.219 6	4

由图2-2还可以看到，盆栽条件下水分调亏对根重密度（图2-2B）和根长密度（图2-2C）的影响与根重呈相似规律。

图2-3是各水分调亏处理复水后（均恢复充分供水）于灌浆期测定的冬小麦根系主要参数。图2-3A显示，冬前（Ⅰ）轻度调亏（L）根干重与对照（CK）无明显差异，中度调亏（M）根系干重比对照增加3.76%，但差异不显著；重度调亏（S）比CK下降14.02%，差异达显著水平（$P=0.05$）。结合图2-2分析可见，冬前适度调亏复水后根系有补偿或超补偿生长效应，最终根重接近或超过对照，即冬前适度水分调亏对根系生长具有正效应；过度调亏造成的根系生长损失复水后难以补偿，对根系生长具有负效应。在越冬期（Ⅱ）

不同程度水分调亏根干重均较CK降低，分别下降9.3%、35.8%和48.7%，与对照差异达显著（$P=0.05$）或极显著（$P=0.01$）水平。说明此阶段水分调亏复水后根系“反冲”生长不足以补偿水分调亏期间造成的根系生长损失，即补偿生长效应弱。可能因为越冬期小麦主要以地下生长为主，根系对水分调亏敏感，水分调亏的后效性较强。返青—拔节期（Ⅲ）轻度水分调亏根干重接近CK（仅减少1.55%）；中、重度调亏根干重下降19.13%～19.30%，差异达显著水平。说明此阶段轻度水分调亏复水后具有较强补偿生长能力，中、重度调亏补偿生长能力较弱。拔节—抽穗阶段（Ⅳ）不同程度水分调亏最终根重均与CK无明显差异，究其原因可能是此阶段复水后，一方面根系具有较强的补偿生长能力，另一方面又有减缓根系衰亡的效应。根据水分调亏结束时和复水后的两次测定数据计算（表2-3），CK根重减少了2.39g，Ⅳ期轻度水分调亏处理根重减少了0.70g，而中、重度调亏分别增加了0.82g和2.71g，显然，此阶段水分调亏有“补偿生长”和“延缓衰亡”的双重效应。抽穗—成熟阶段（Ⅴ）各水分调亏处理最终根重均低于CK，差异均达极显著水平。因此阶段根系生长已基本停止，并开始衰亡，水分调亏加速根系衰亡进程[5]，而且复水后临近成熟期，在时间上也无补偿生长的余地。

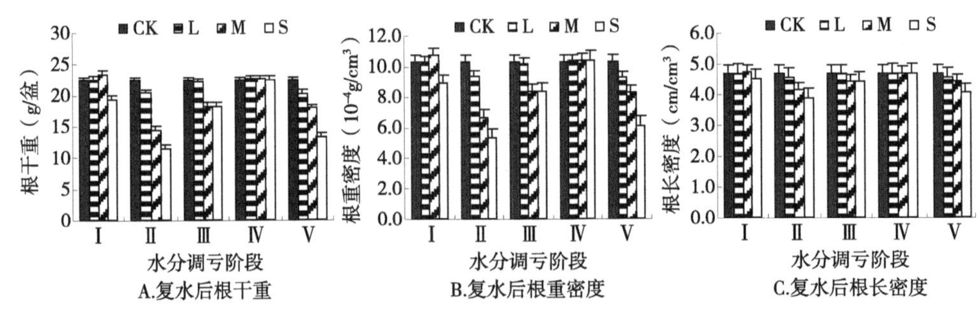

图2-3 复水后冬小麦根系参数变化

表2-3 各水分调亏处理复水后根系参数变化

调亏阶段		根干重（g/盆）				根重密度（g/cm^3）			
		CK	L	M	S	CK	L	M	S
Ⅰ	调亏期间	3.11	2.72	2.33	1.93	1.43	1.25	1.07	0.88
	复水后	22.45	22.40	23.29	19.30	10.30	10.28	10.69	8.86
	增减量	19.34	19.68	20.96	17.37	8.87	9.03	9.62	7.98

（续表）

调亏阶段		根干重（g/盆）				根重密度（g/cm³）			
		CK	L	M	S	CK	L	M	S
Ⅱ	调亏期间	10.48	9.12	7.76	6.78	4.81	4.19	3.56	3.11
	复水后	22.45	20.35	14.39	11.51	10.30	9.34	6.61	5.28
	增减量	11.97	11.23	6.63	4.73	5.49	5.15	3.05	2.17
Ⅲ	调亏期间	17.85	15.53	13.20	11.64	8.20	7.13	6.06	5.34
	复水后	22.45	22.09	18.15	18.11	10.30	10.14	8.33	8.31
	增减量	4.59	6.57	4.95	6.47	2.10	3.01	2.27	2.97
Ⅳ	调亏期间	24.84	23.29	21.74	19.79	11.40	10.69	9.98	9.09
	复水后	22.45	22.59	22.56	22.50	10.30	10.37	10.33	10.35
	增减量	−2.39	−0.70	0.82	2.71	−1.10	−0.32	0.35	1.26
Ⅴ	调亏期间	22.51	20.18	17.85	13.20	10.33	9.26	8.20	6.06
	复水后	22.45	20.18	17.85	13.20	10.30	9.26	8.20	6.06
	增减量	—	—	—	—	—	—	—	—

表2-4是不同水分调亏处理复水后根干重相对增长速率（Relative Growth Rate，RGR）。相对增长速率表示单位干物重在单位时间内重量的增加，其计算公式见式（2-3）。

$$\mathrm{RGR}=（\ln w_2-\ln w_1）/（t_2-t_1） \qquad （2-3）$$

式中，RGR为相对增长速率［g/（g·d）］，w_1、w_2分别为各处理水分调亏结束时和复水后两次测定的根干重（g/盆），t_1、t_2分别为调亏结束时和复水后测定根干重的日期。

从表2-4中可见，Ⅰ期、Ⅲ期和Ⅳ期水分调亏复水后，随调亏期间的水分调亏度加重RGR呈提高趋势；Ⅱ期水分调亏复水后，随调亏度加重RGR呈降低趋势；Ⅴ期水分调亏复水后进入成熟期，根重基本无复水后的增长过程，故未计算其复水后的RGR。

由图2-3还可以看到，盆栽条件下，RDI对根干重（图2-3A）、根重密度（图2-3B）和根长密度（图2-3C）的影响呈相似规律。

表2-4 不同水分调亏处理复水后根重相对增长速率［g/（g·d）］

生育阶段	CK	L	M	S
Ⅰ	0.013 8	0.014 8	0.016 1	0.016 1
Ⅱ	0.006 8	0.007 2	0.005 5	0.004 7
Ⅲ	0.004 4	0.006 8	0.006 1	0.008 5
Ⅳ	−0.004 8	−0.001 4	0.001 8	0.006 1
Ⅴ	—	—	—	—

2.2.1.2 RDI对冬小麦株高生长的影响

图2-4A是各生育阶段水分调亏结束时测定的株高。可以看出，冬前和越冬期间水分调亏对株高无影响，原因是此阶段苗小、气温低，植株地上部生长慢，作物蒸腾失水少，土壤蒸发量低，株高生长对水分变化不敏感。进入返青期以后，植株生长速率加快，同时气温逐渐升高，作物蒸腾失水和土壤蒸发量增大，作物耗水强度和耗水量加大，故水分调亏对株高生长影响明显，此期不同程度水分调亏处理株高均较对照降低，降幅为3.2%～8.0%，轻度水分调亏与对照差异不显著，中、重度调亏与对照差异达显著水平。植株拔节以后进入营养体旺盛生长阶段，是耗水强度和耗水量最大时期，故植株生长对水分变化非常敏感，此期不同程度水分调亏处理株高较对照降低幅度较大，降幅为8.7%～20.8%，轻度调亏与对照差异达显著水平，中、重度调亏与对照差异达极显著水平。抽穗—灌浆阶段（Ⅴ）水分调亏对株高无影响，因为此阶段株高已达最大值，生长停止。

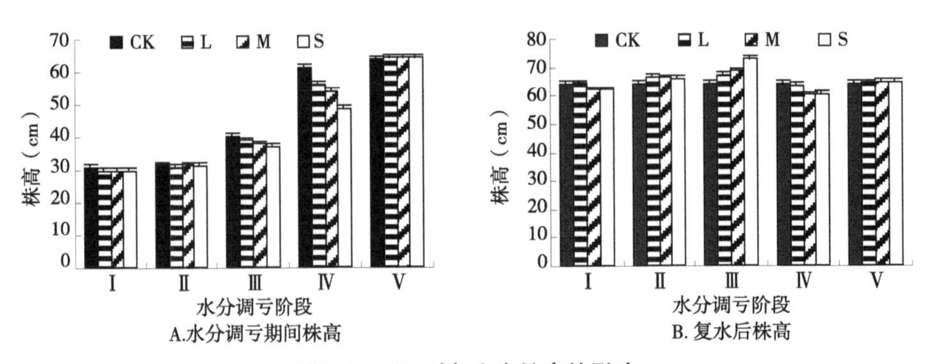

图2-4 RDI对冬小麦株高的影响

冬小麦各生育阶段株高与土壤相对含水量关系的拟合模型可表示为式（2-4）。

$$y=bx+a \tag{2-4}$$

式中，y表示株高（cm），x表示土壤相对含水量（%），a为回归截距，b为线性回归系数。从拟合模型参数（表2-5）可以看出，Ⅰ期株高均与土壤水分呈线性显著相关，Ⅲ期、Ⅳ期呈极显著线性相关，Ⅱ期无显著线性相关，Ⅴ期呈显著负相关关系。而回归直线的斜率表示株高对土壤水分变化的敏感程度，即回归直线斜率越大，表示株高对水分调亏越敏感。由此也可以看出，Ⅳ期（拔节—抽穗）株高对水分调亏最为敏感（回归直线斜率为0.302 3），Ⅲ期次之（回归直线斜率为0.080 9），其余阶段株高对水分调亏反应不敏感。

表2-5　冬小麦不同生育阶段株高与土壤相对含水量关系拟合模型

生育阶段	回归方程	相关系数	斜率	样本数（n）
Ⅰ	$y=0.030\ 1x+28.063$	$R^2=0.872\ 4$*	0.030 1	4
Ⅱ	$y=0.006\ 1x+30.713$	$R^2=0.089\ 4$	0.006 1	4
Ⅲ	$y=0.080\ 9x+33.687$	$R^2=0.987\ 8$**	0.080 9	4
Ⅳ	$y=0.302\ 3x+37.33$	$R^2=0.966\ 2$**	0.302 3	4
Ⅴ	$y=-0.014\ 1x+65.047$	$R^2=0.909\ 3$*	-0.014 1	4

图2-4B显示的是收获时测定的各处理株高，可以看出，冬前（Ⅰ）轻度水分调亏（L）对株高无明显影响，中（M）、重度调亏（S）处理株高略有下降。越冬期（Ⅱ）各水分调亏处理最终株高无降低。可能是此阶段及其以前，植株体幼小，气温低，叶面蒸腾和土壤蒸发量均较小，而且植株以地下生长为主，地上部生长慢甚至基本停止，所以株高对水分调亏不敏感。返青—拔节期（Ⅲ）的各水分调亏处理最终株高均较CK有提高，而且随调亏度加重，这种增高效应越明显。比较分析水分调亏期间和复水后的株高变化情况可见，返青—拔节阶段不同水分调亏处理复水后均有“补偿生长效应”或“超补偿生长效应”，而且这种“补偿生长效应”随水分调亏度加重呈增强趋势，最终株高分别超过对照4.4%、7.1%和14.1%。其原因是，此阶段的水分调亏处理是在拔节以后复水（充分供水），复水后激发“补偿生长效应”，而拔节后植株进入旺盛生长阶段，补偿生长会更加明显，故最终株高明显增加。拔节—抽穗阶

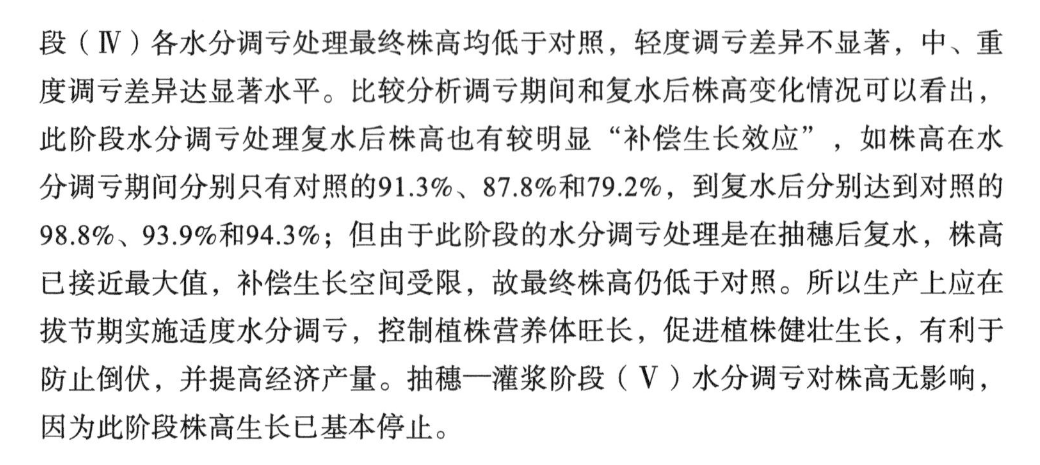

段（Ⅳ）各水分调亏处理最终株高均低于对照，轻度调亏差异不显著，中、重度调亏差异达显著水平。比较分析调亏期间和复水后株高变化情况可以看出，此阶段水分调亏处理复水后株高也有较明显“补偿生长效应”，如株高在水分调亏期间分别只有对照的91.3%、87.8%和79.2%，到复水后分别达到对照的98.8%、93.9%和94.3%；但由于此阶段的水分调亏处理是在抽穗后复水，株高已接近最大值，补偿生长空间受限，故最终株高仍低于对照。所以生产上应在拔节期实施适度水分调亏，控制植株营养体旺长，促进植株健壮生长，有利于防止倒伏，并提高经济产量。抽穗—灌浆阶段（Ⅴ）水分调亏对株高无影响，因为此阶段株高生长已基本停止。

2.2.1.3 RDI对冬小麦功能叶面积的影响

关于小麦冠层叶片的光合性能与籽粒灌浆物质生产及产量的关系，已有研究结果表明，冠层叶抽穗前主要供应茎秆充实和颖花发育所需养分，抽穗后则主要供应籽粒灌浆，冠层光合能力是小麦灌浆物质的来源及产量形成的重要决定因素，冠层光合器官对群体光合率的贡献为50%～60%[6-10]。

又有研究表明，冬小麦抽穗以后剪去旗叶，灌浆期物质生产量下降16.24%，剪去倒二叶物质生产量下降15.41%[11]。可见，功能叶片（旗叶和倒二叶）对灌浆期光合产物的积累和最终经济产量的形成有重要作用。图2-5显示的是冬小麦灌浆期测定的不同水分调亏处理复水后的旗叶和倒二叶面积。从图2-5A可以看到，冬前水分调亏旗叶面积有增大趋势，但与对照差异不显著；越冬期轻度调亏旗叶面积与对照基本接近，中、重度调亏较对照分别减小5.9%和9.7%，但经统计检验差异也达不到显著水平（P>0.05）；返青—拔节阶段各调亏处理旗叶面积均较对照减小，且随调亏度加大减小幅度呈递增趋势，其大小顺序为CK>L>M>S，经Duncan新复极差检验，轻、中度调亏与对照差异不显著，重度调亏与对照差异达极显著水平（P<0.01）。拔节—抽穗阶段各调亏处理旗叶面积较对照减小幅度比前一阶段大，轻、中、重调亏分别减小22.85%、32.40%和53.236%，经统计检验与对照差异均达极显著水平（P<0.01）。抽穗—成熟期调亏对旗叶面积无明显影响。

RDI对倒二叶的影响（图2-5B）与旗叶有相似规律。可以看到，冬前轻度调亏倒二叶面积与对照相同，中、重度调亏有所减小，但与对照差异不显著。越冬期轻度调亏倒二叶面积有所增大，但经统计检验与对照差异不显著，中度调亏叶面积比对照减小22%，达显著水平（$P<0.05$），重度调亏叶面积比对照减小39%，达极显著水平（$P<0.01$）。返青—拔节阶段轻度调亏倒二叶面积减小17.1%，达显著水平；中度调亏减小15.6%，达不到显著水平；重度调亏减小50.0%，达极显著水平。拔节—抽穗阶段各处理倒二叶面积大小顺序为CK>L>M>S，各调亏处理分别比对照减小23.9%、26.3%和35.5%，均达极显著水平。抽穗—成熟期各调亏处理分别比对照减小6.4%、7.1%和7.4%，差异不显著。

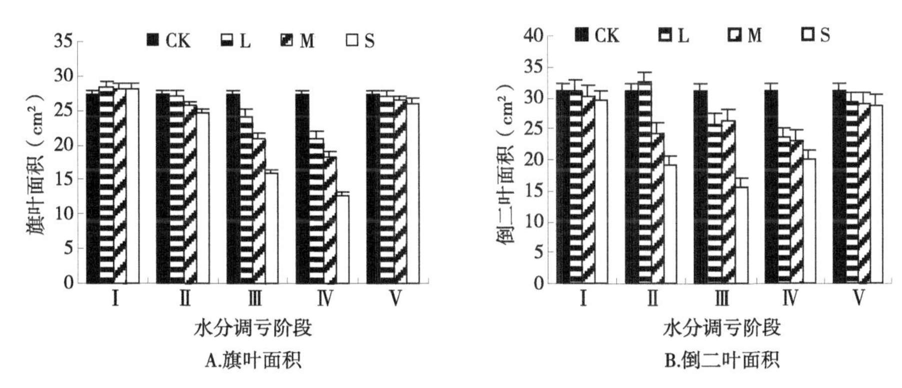

图2-5 RDI对冬小麦功能叶片面积的影响

试验结果说明，在拔节前和抽穗后轻、中度水分调亏不会明显抑制旗叶生长，而在拔节—抽穗期调亏对旗叶面积扩展有严重抑制作用；在冬前和抽穗后水分调亏对倒二叶无明显影响，在其余阶段水分调亏对倒二叶面积扩展会产生强烈抑制作用。

2.2.1.4 RDI对冬小麦根冠生长关系的调控作用

根与冠是植物的结构和功能的基础[12]，二者的相互调节对提高作物水分利用效率具有重要作用。由于作物水分利用效率主要取决于单位叶面积的蒸腾速率和根系吸水能力，因此，作物高效用水的实质是如何使根、冠结构和功能达到最优匹配[13]。如何协调二者的生长关系实现资源的高效利用是一个亟待研究的问题[14, 15]。

根、冠生长动态是由作物自身遗传特性和环境因素共同决定的。图2-6A显示的是各生育期不同水分调亏阶段结束时测定的冬小麦的根冠比（R/S）。从全生育期看，各处理的R/S随生育期的推进均呈下降趋势，灌浆阶段最低。说明随着根系的生长发育，吸收水分和养分能力增强，促进了地上部生长发育，R/S逐渐下降，直到收获时降至最小，以形成最大的经济产量为目标。这与苗果园等的结论一致[16]。从不同生育阶段看，水分变化显著影响干物质在根、冠间的分配比例，水分调亏均增大R/S，且随水分调亏度加重，R/S呈明显增大趋势；R/S最大值出现在Ⅰ期的重度调亏（S），比同期CK增加38.4%，达极显著水平；轻度调亏比CK增加6.6%，差异不显著；中度调亏分别比CK增加18.8%，差异达显著水平。Ⅱ期各水分调亏处理（L、M、S）的R/S分别比同期CK增加13.0%、33.7%和56.1%，轻度调亏达显著水平，中、重度调亏达极显著水平。Ⅲ期各水分调亏处理分别增加23.2%、55.7%和83.2%，均达极显著水平。Ⅳ期和Ⅴ期R/S较CK增加不显著。说明当出现一定程度水分亏缺时，根系吸水困难，根系从土壤中获得的水分被优先保证根系生长发育需求，使根系受害较地上部分轻，故根冠比增大；同时表明在冬小麦生育前期（拔节以前）实施适度的水分调亏有利于增强根系的发育，控制地上部分旺长，提高小麦抗旱能力。这与已有相关研究结论[17-19]基本一致。

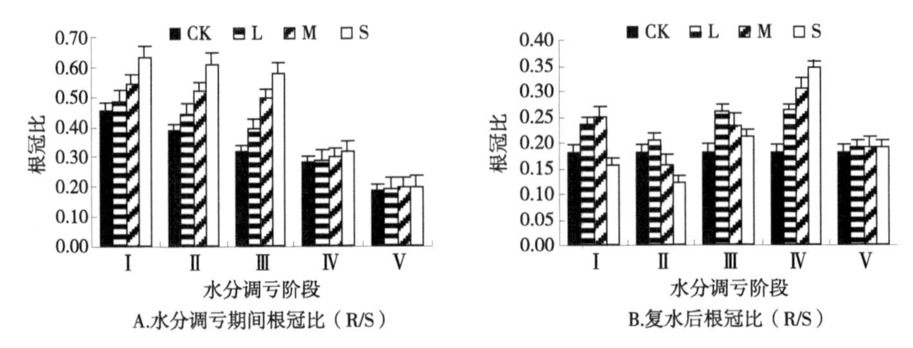

图2-6　RDI对冬小麦根冠比的影响

冬小麦不同生育阶段的R/S与土壤水分状况关系的拟合模型及参数如表2-6所示。从拟合模型参数（表2-6）可以看出，各阶段R/S均与土壤水分状况呈线性显著负相关，即土壤水分越高，R/S越低，反之亦然。而回归直线的斜率表示R/S对土壤水分变化的敏感程度，即回归直线斜率越大，表示R/S对水分调亏越敏感。由此也可以看出，Ⅰ期（冬前）、Ⅱ期（越冬期）和Ⅲ期（返青—拔节）R/S对水分调亏较为敏感（回归直线斜率分别为-0.005 8、-0.007 3、-0.008 9），Ⅳ期（拔节—抽穗）和Ⅴ期（抽穗—成熟）R/S对水分调亏反应不敏感（回归直线斜率分别为-0.001 1和-0.000 3）。

表2-6 冬小麦不同生育阶段R/S与土壤相对含水量关系拟合模型

生育阶段	回归方程	相关系数	斜率	样本数（n）
Ⅰ	$y=-0.0058x+0.8426$	$R^2=0.9502$**	−0.005 8	4
Ⅱ	$y=-0.0073x+0.8889$	$R^2=0.9866$**	−0.007 3	4
Ⅲ	$y=-0.0089x+0.9321$	$R^2=0.9964$**	−0.008 9	4
Ⅳ	$y=-0.0011x+0.3551$	$R^2=0.9712$**	−0.001 1	4
Ⅴ	$y=-0.0003x+0.2093$	$R^2=0.8194$*	−0.000 3	4

图2-6B显示的是各阶段水分调亏处理复水后于灌浆期测定的根冠比（R/S）。总体上看，复水后各处理R/S呈下降趋势，尤其是调亏期间R/S增加明显的Ⅰ、Ⅱ和Ⅲ期的各调亏处理的R/S下降幅度更大。说明复水后分配到冠部干物质比例较大，地上补偿生长明显，故R/S下降。具体分析各生育阶段，多数水分调亏处理较CK有增大R/S的趋势（Ⅰ期重度调亏，Ⅱ期中、重度调亏例外）；同时显示，不同时期、不同程度水分调亏的后效性明显不同。Ⅰ期轻、中度调亏R/S分别比CK提高30.6%和13.6%，分别达极显著和显著水平，说明此阶段轻、中度调亏复水后冠部“反冲生长作用”有限；而重度调亏R/S较CK减小13.2%，差异达显著水平，从其调亏期间的最大值（0.63）几乎降至复水后的最小值（0.16）。说明此阶段的重度调亏复水后冠部“反冲生长作用”大。Ⅱ期轻度调亏R/S比CK略高，差异不显著；中、重度调亏R/S分别下降13.8%和33.4%，差异分别达显著和极显著水平。这也说明此期复水后分配到冠部的物质比根系多。Ⅲ期轻、中、重度调亏R/S均较CK提高，但随调亏度加大，R/S提高幅度减小。说明此阶段水分调亏期间调亏度越重，复水后冠部“补偿生长效应”越明显。比较图2-6A和图2-6B发现，Ⅲ期水分调亏期间能显著增大R/S，复水后冠部“补偿生长效应”明显，维持较为适宜的R/S，因此认为此阶段为通过RDI调控R/S的适宜阶段。Ⅳ期水分调亏期间根、冠对水分调亏的敏感性相近，故不同水分调亏度间R/S值差异不大（图2-6A）；复水后根、冠反应敏感性显著不同，复水对根的生长促进作用大，而且复水前水分调亏越严重，复水后根的补偿生长越明显；轻、中、重度调亏均较CK显著增大R/S值，且沿调亏度加重方向，R/S提高幅度增大（2-6B）。表明此期也是调控R/S的关键时期。由于Ⅴ期调亏复水后小麦即进入成熟期，故各水分调亏处理R/S基

本无变化。

上述试验研究结果表明，RDI具有有效调控R/S的功效，可以根据不同根、冠关系目标，在不同生育阶段、实施不同程度的水分调亏，使根、冠结构和功能实现最佳匹配。

2.2.2 RDI对夏玉米根冠生长发育的影响

2.2.2.1 RDI对夏玉米根系的调控作用

图2-7所示是不同生育期水分调亏阶段结束时测定的各处理玉米根系参数。从图2-7A可以看出，在苗期（Ⅰ）和拔节期（Ⅱ）水分调亏期间，根系干重均随调亏度加重呈下降趋势，轻、中、重度调亏处理与CK差异均达极显著水平，说明玉米生长前期水分调亏强烈抑制了根系的生长发育；而在玉米抽雄期（Ⅲ）和灌浆期（Ⅳ）水分调亏有利于增加根干重，其中，Ⅲ期轻度调亏增加不显著，中、重度调亏增加达显著水平；Ⅳ期各调亏处理增加根干重均达极显著水平。说明玉米生长中、后期水分调亏具有促进根系发育和减缓根系衰亡的“双重效应”，反映出玉米根系在生育后期比生育前期对水分适应能力强的特性，这与冬小麦的情况相反。

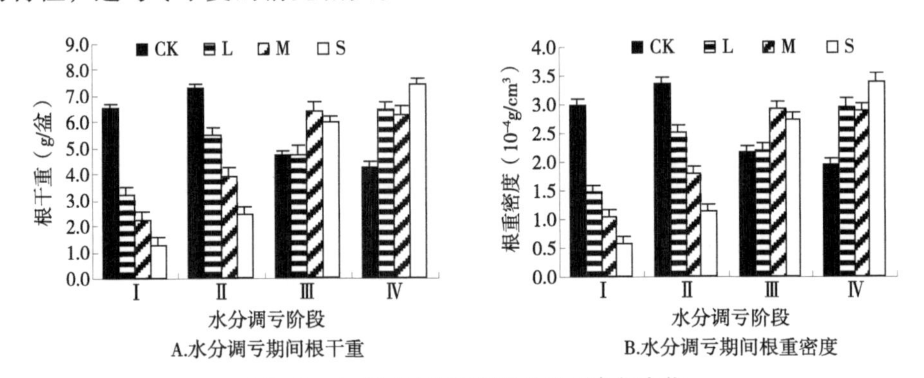

图2-7 水分调亏期间夏玉米根系参数变化

夏玉米各生育阶段根干重与土壤相对含水量关系的拟合模型可表示为式（2-5）。

$$y = bx + a \quad (2\text{-}5)$$

式中，y表示根干重（g/盆），x表示土壤相对含水量（%），a为回归截距，b为线性回归系数。从拟合模型参数（表2-7）可以看出，生育阶段Ⅰ和

Ⅱ根干重与土壤水分呈线性显著正相关，而生育阶段Ⅲ和Ⅳ根干重与土壤水分呈线性显著负相关。方程中回归直线的斜率表示根干重对土壤水分变化的敏感程度，即回归直线斜率越大，表示根干重对水分调亏越敏感。由此也可以看出，Ⅰ期、Ⅱ期根干重对水分调亏敏感（回归直线斜率分别为0.167 2和0.160 0），Ⅲ和Ⅳ期次之（回归直线斜率分别为0.053 3和0.093 0）。

由图2-7还可以看到，盆栽条件下水分调亏对玉米根重密度（图2-7B）的影响与根重呈相似规律。

表2-7　夏玉米不同生育阶段根干重与土壤相对含水量关系拟合模型

生育阶段	回归方程	相关系数	斜率	样本数（n）
Ⅰ	$y=0.1672x-7.588$	$R^2=0.8975$*	0.167 2	4
Ⅱ	$y=0.1600x+5.650$	$R^2=0.9971$**	0.160 0	4
Ⅲ	$y=-0.0533x+8.887$	$R^2=0.6685$*	−0.053 3	4
Ⅳ	$y=-0.0930x+12.11$	$R^2=0.8133$*	−0.093 0	4

图2-8是各水分调亏处理复水后（均恢复充分供水）于灌浆期测定的夏玉米根系主要参数。图2-8A显示，苗期（Ⅰ）轻度调亏（L）根干重与对照（CK）无明显差异，中度调亏（M）根系干重比对照降低17.66%，差异达显著水平（$P<0.05$）；重度调亏（S）比CK增加36.76%，差异达极显著水平（$P<0.01$）。结合图2-7A分析可见，苗期适度调亏复水后根系有补偿或超补偿生长效应，最终根重接近或超过对照，即苗期适度水分调亏对根系生长具有正效应。在拔节期（Ⅱ）不同程度水分调亏根干重均较CK增加，其中，轻度调亏（L）增加58.73%，达极显著水平，中度调亏（M）增加2.05%、重度调亏（S）增加10.47%，与对照差异不显著（$P>0.05$）。说明此阶段水分调亏复水后根系也具有“反冲”生长和减缓根系衰亡的双重作用。抽雄期（Ⅲ）水分调亏复水后对根系的正效应得以进一步加强，其中，轻度水分调亏根干重比CK增加12.3%，差异不显著；中、重度调亏根干重分别比CK增加104.52%和71.87%，差异均达极显著水平。说明此阶段适度水分调亏复水后具有较强补偿生长能力和减缓根系衰亡的作用。灌浆阶段（Ⅳ）不同程度水分调亏处理复水后维持了调亏期间的正效应，最终根重均比CK显著增加（27.7%～51.7%）。根据水分调亏结束时和复水后的两次测定数据计算

（表2-8），在抽雄期（Ⅲ）以前，CK根重减少了1.61～2.38g，而各水分调亏处理的根重都是增加的，其中，轻度调亏增加0.73～2.29g，中度调亏增加1.1～3.61g，重度调亏增加2.45～5.43g。显然，在玉米抽雄期以前水分调亏对根系有“补偿生长”和“延缓衰亡”的双重效应。灌浆期水分调亏处理复水后临近成熟，在时间上已无补偿生长的余地。

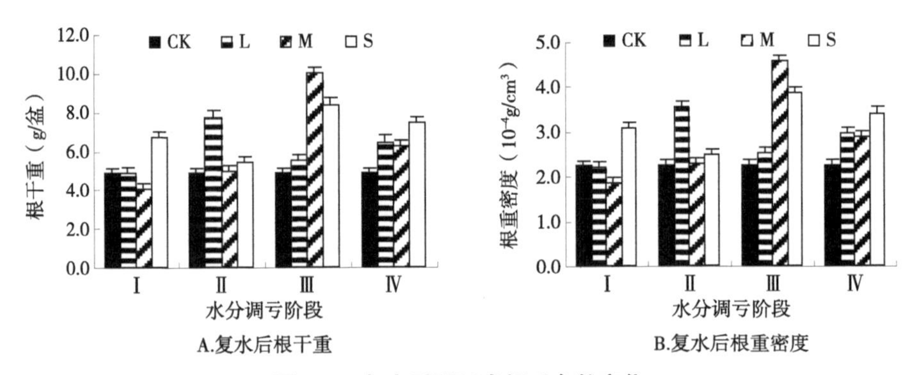

图2-8　复水后夏玉米根系参数变化

表2-8　各水分调亏处理复水后夏玉米根系参数变化

调亏阶段		根干重（g/盆）				根重密度（g/cm^3）			
		CK	L	M	S	CK	L	M	S
Ⅰ	调亏期间	6.48	3.19	2.22	1.23	2.97	1.46	1.02	0.57
	复水后	4.87	4.82	4.01	6.66	2.24	2.21	1.84	3.06
	增减量	−1.61	1.63	1.79	5.43	−0.73	0.75	0.82	2.49
Ⅱ	调亏期间	7.25	5.44	3.87	2.44	3.33	2.50	1.78	1.12
	复水后	4.87	7.73	4.97	5.38	2.24	3.55	2.28	2.47
	增减量	−2.38	2.29	1.1	2.94	−1.09	1.05	0.5	1.35
Ⅲ	调亏期间	4.68	4.74	6.35	5.92	2.15	2.18	2.91	2.72
	复水后	4.87	5.47	9.96	8.37	2.24	2.51	4.57	3.84
	增减量	0.19	0.73	3.61	2.45	0.09	0.33	1.66	1.12
Ⅳ	调亏期间	4.22	6.43	6.22	7.39	1.94	2.95	2.86	3.39
	复水后	4.87	6.43	6.22	7.39	2.24	2.95	2.86	3.39
	增减量	0.65	0	0	0	0.3	0	0	0

表2-9是不同水分调亏处理复水后根干重相对增长速率（RGR）。相对增长速率表示单位干物重在单位时间内重量的增加，其计算公式见式（2-6）。

$$RGR=(\ln w_2-\ln w_1)/(t_2-t_1) \quad (2-6)$$

式中，RGR为相对增长速率［g/（g·d）］，w_1、w_2分别为各处理水分调亏结束时和复水后两次测定的根干重（g/盆），t_1、t_2分别为调亏结束时和复水后测定根干重的日期。

从表2-9中可见，Ⅰ期、Ⅱ期、Ⅲ期适度水分调亏复水后，RGR随调亏度增加呈提高趋势。Ⅳ期水分调亏复水后进入成熟期，根重基本无复水后的增长过程，故未计算其复水后的RGR。

表2-9　不同水分调亏处理复水后夏玉米根重相对增长速率［g/（g·d）］

生育阶段	CK	L	M	S
Ⅰ	-0.004 6	0.006 7	0.009 5	0.027 2
Ⅱ	-0.006 4	0.005 7	0.004 0	0.012 8
Ⅲ	0.000 6	0.002 3	0.007 3	0.005 6
Ⅳ	—	—	—	—

2.2.2.2　RDI对夏玉米株高生长的影响

观测结果表明，不同生育阶段水分调亏对株高影响存在差异性（图2-9）。苗期—拔节期不同程度水分调亏株高均降低，但轻度调亏下降幅度不大，仅为6.79%，达不到显著水平；中、重度调亏降低幅度较大，为11.33%~13.09%，但也达不到显著水平。拔节—抽穗期亏水，株高随亏水度加重而降低，顺序为CK>L>M>S，降幅为7.51%~25.56%，比苗期大；其中，轻度调亏（L）与对照差异不显著，中度调亏（M）达显著水平，重度调亏（S）达极显著水平。抽穗—灌浆期不同程度亏水，株高也有降低，但降幅仅为3.51%~4.53%，与对照差异不显著。灌浆—成熟亏水株高不降低，甚至略呈增加趋势。

上述水分调亏对株高的调控效应的可能机制是，苗期发根能力较强，具渗透调节与弹性调节性能强的特点，利用这种反冲机制进行水分调亏，可控制营养体旺长，减少植株能量和质量消耗，复水后生长补偿效应显著，补偿时间充裕，对株高调控适度，有利于增加籽粒产量。拔节—抽穗期为营养生长旺盛阶段，是玉米株体形成的重要时期，水分调亏显著抑制株高生长，对营养体调控过度，减少光合产物积累，对后期经济产量形成不利。抽穗—灌浆期为营养生长和生殖生长并进阶段，营养生长逐渐减慢，水分调亏对株高影响较小，故株高降低不明显。灌浆—成熟阶段主要是光合产物及其前期积累物质向籽粒运转阶段，水分调亏对光合产物运输及营养器官贮藏物质向籽粒转移过程不利，而不能转运到籽粒的物质又消耗于营养体生长，使生育期延迟[20]，故株高略呈增高趋势，这与后期水分调亏经济产量显著降低的结果也是相互印证的。说明在玉米前期水分调亏对株高生长抑制较明显，但复水后有补偿生长效应；后期调亏对株高影响不大，而对经济产量形成不利。

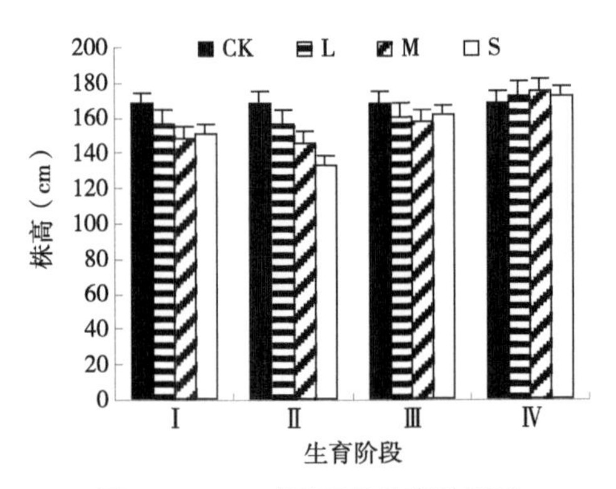

图2-9　RDI对夏玉米株高的影响

已有研究一直认为，水分亏缺对几个与产量密切关联的生理过程有不同的敏感性影响，其先后顺序为生长—蒸腾—光合—运输（Turner，1989），而且这种顺序被长期引用。受本研究结果启示，笔者认为这个顺序在不同生育阶段不尽相同，这主要取决于不同生育阶段的形态发育和体内代谢特点。譬如，在生长旺盛阶段，水分亏缺可能首先影响生长过程；而在光合产物运输旺盛阶段，水分亏缺可能首先和主要影响运输过程。然而，其确切的生理生化机制尚须进一步深入研究。

2.2.2.3　RDI对夏玉米叶面积的影响

图2-10所示是苗期—拔节和拔节—抽穗阶段水分调亏结束时测定的玉米单株叶面积。可以看出，苗期水分调亏强烈抑制叶片扩展，其中，轻度调亏（L）叶面积较CK减小50.4%，中度调亏（M）减小55.8%，重度调亏（S）减

小71.3%，均达极显著水平；拔节—抽穗期调亏对叶片扩展的影响程度较苗期明显减轻，轻度调亏减小18.8%，中度调亏减小37.4%，重度调亏减小40.1%，但也达显著水平。

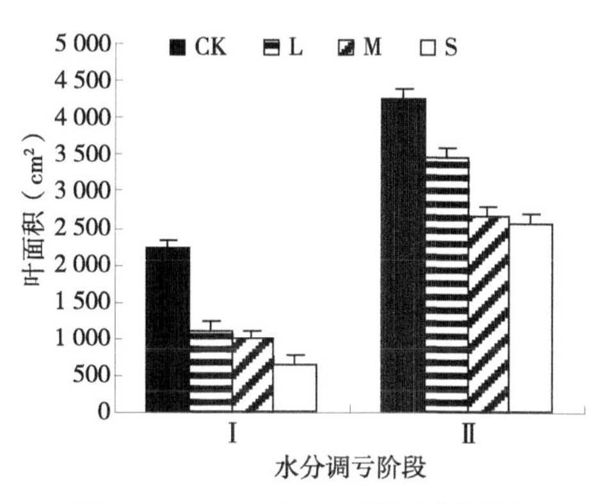

图2-10 RDI对玉米叶面积的影响

2.2.2.4 RDI对夏玉米根冠生长关系的调控作用

图2-11A显示的是各生育期不同水分调亏阶段结束时测定的夏玉米的根冠比（R/S）。从全生育期看，在灌浆期以前各处理的R/S随生育期的推进均呈下降趋势，进入灌浆阶段略有回升。说明随着根系的生长发育，吸收水分和养分能力增强，促进了地上部生长发育，R/S逐渐下降，到灌浆期前达最小值，以形成最大的经济产量为目标。这与冬小麦的情况基本一致。从不同生育阶段看，水分变化显著影响干物质在根、冠间的分配比例，水分调亏基本上都增大R/S值（Ⅱ、Ⅲ阶段L调亏例外）；在Ⅰ阶段随水分调亏度加重，R/S呈明显增大趋势，表明此阶段水分调亏促进根系生长，降低干物质分配到叶冠的比例；R/S最大值出现在Ⅰ期的重度调亏（S），比同期CK增加54.9%，差异达极显著水平；轻度调亏比CK增加16.6%，但差异不显著；中度调亏比CK增加36.9%，差异达显著水平。Ⅱ期轻度水分调亏处理的R/S比同期CK降低5.3%，差异不显著；中、重度调亏分别比同期CK增加17.6%和27.5%，均达显著水平。Ⅲ期轻度水分调亏处理的R/S比同期CK降低12.0%，差异不显著；中、重度水分调亏处理分别比CK增加43.8%和22.1%，前者达极显著水平，后者达显著水平。Ⅳ期各水分调亏处理的R/S均较CK增加，增加幅度为19.0%～25.8%，但达不到显著水平。说明当出现一定程度水分亏缺时，根系吸水困难，根系从土壤中获得的水分被优先保证根系生长发育需求，使根系受

害较地上部分轻，故根冠比增大；同时表明在夏玉米生育前期（拔节以前）实施适度的水分调亏有利于增强根系的发育，控制地上部分旺长，提高植株抗旱能力。

夏玉米不同生育阶段R/S与土壤相对含水量关系的拟合模型及参数如表2-10所示。从拟合模型参数可以看出，Ⅰ阶段R/S与土壤水分状况呈线性显著负相关，即土壤水分越高，R/S越低，反之亦然；其余阶段线性相关不显著。而回归直线的斜率表示R/S对土壤水分变化的敏感程度，即回归直线斜率越大，表示R/S对水分调亏越敏感。由此也可以看出，Ⅰ期R/S对水分调亏最为敏感（回归直线斜率为-0.007）。

表2-10 夏玉米不同生育阶段R/S与土壤相对含水量关系拟合模型

生育阶段	回归方程	相关系数	斜率	样本数（n）
Ⅰ	$y=-0.007x+0.930\,8$	$R^2=0.998\,7^{**}$	-0.007	4
Ⅱ	$y=-0.002\,7x+0.464\,6$	$R^2=0.794\,7$	-0.002 7	4
Ⅲ	$y=-0.002\,1x+0.333\,8$	$R^2=0.409\,1$	-0.002 1	4
Ⅳ	$y=-0.001x+0.293\,3$	$R^2=0.346\,4$	-0.001 0	4

图2-11B显示的是各阶段水分调亏处理复水后于灌浆期测定的根冠比（R/S）。总体上看，复水后Ⅰ、Ⅱ阶段各处理R/S呈下降趋势，尤其是调亏期间R/S增加明显的Ⅰ期的轻、中度调亏处理复水后R/S下降幅度明显。说明复水后分配到冠部干物质比例增大，地上部分补偿生长明显，故R/S下降。具体分析各生育阶段，多数水分调亏处理较CK有增大R/S的趋势（但Ⅰ期轻、中度调亏和Ⅲ期中度调亏例外）；同时显示，不同时期、不同程度水分调亏的后效性明显不同。Ⅰ期轻度调亏R/S比CK降低16.1%，但差异不显著；中度调亏R/S比CK降低51.6%，达极显著水平；说明此阶段轻、中度调亏复水后冠部“反冲生长作用”大，故R/S降低；而重度调亏R/S基本维持了调亏期间的较高水平，较CK增加77.7%，差异达极显著水平；说明此阶段的重度调亏复水后冠部“反冲生长作用”有限。Ⅱ期轻度调亏R/S比CK提高63.8%，差异达极显著水平；中、重度调亏R/S分别提高24.4%和24.0%，但差异不显著。这说明此期调亏处理复水后分配到冠部与根部的物质较平衡，因而保持了调亏期间增大R/S的效应。

Ⅲ期轻、中度调亏R/S均较CK降低，其中，轻度调亏降低4.7%，差异不显著，中度调亏降低33.6%，差异达显著水平；重度调亏R/S较CK有提高，但达不到显著水平。说明此阶段中度水分调亏处理复水后冠部“补偿生长效应”明显。比较图2-11A和图2-11B发现，R/S值受水分影响最大的阶段是Ⅰ期（苗期一拔节期），受水分影响最小的阶段是Ⅳ期（灌浆期）。这与葛体达等的研究结果不尽一致[21]。Ⅱ期水分调亏期间能显著增大R/S，复水后分配到冠部与根部的物质较平衡，维持较为适宜的R/S，因此认为此阶段为通过RDI调控R/S的适宜阶段。由于Ⅳ期调亏复水后夏玉米即进入成熟期，故各水分调亏处理R/S基本无变化。

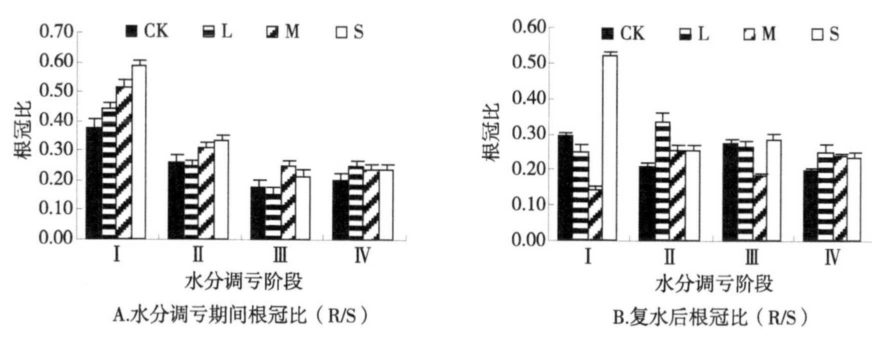

图2-11 RDI对夏玉米根冠比的影响

上述试验研究结果表明，RDI具有有效调控R/S的功效，可以根据不同根、冠关系目标，在不同生育阶段，实施不同程度的水分调亏，使根、冠结构和功能实现最佳匹配。

2.2.3 RDI对棉花根冠生长发育的影响

2.2.3.1 RDI对棉花根系的调控作用

水分是影响根系生长的主要环境因子之一。图2-12所示是不同生育期水分调亏阶段结束时测定的各处理棉花根系参数。

从图2-12A可以看出，不论土壤水分状况如何，随着棉花生育阶段的推进，根干重呈明显递增趋势，表明水分调亏期间没有改变棉花根系生长的总趋势。但具体分析各生育阶段显示，多数水分调亏处理对根系增重速率具有促进作用（Ⅱ期轻度调亏和Ⅳ期重度调亏例外），这与冬小麦和夏玉米的情况显然不同。在苗期（Ⅰ）轻度调亏与CK接近，中、重度调亏根重分别较CK提高

17.9%和15.5%，但差异达不到显著水平。在蕾期（Ⅱ）轻度水分调亏比CK下降21.1%，但差异不显著；中、重度调亏比CK略高。在花铃期的轻、中、重水分调亏处理根重分别较CK提高14.1%、8.6%和1.0%，均不达显著水平。吐絮期的轻、中度调亏的根重分别比CK提高14.3%和20.4%，均达显著水平；重度调亏比CK下降7.9%，达不到显著水平。

图2-12B显示，RDI条件下根重密度的变化与根重呈相似规律。

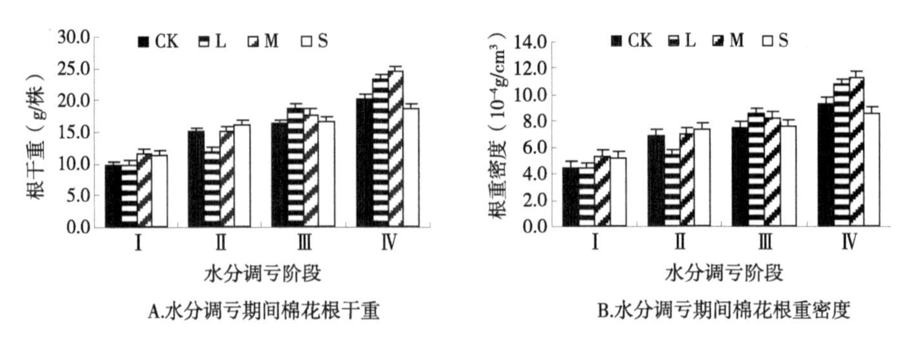

A.水分调亏期间棉花根干重　　B.水分调亏期间棉花根重密度

图2-12　水分调亏期间棉花根系参数变化

上述情况表明，在棉花生长期中适度的水分调亏具有促进根系发育和减缓根系衰亡的“双重效应”。

图2-13是各阶段水分调亏处理复水后（均恢复充分供水）于下一阶段水分调亏开始时测定的根系参数。图2-13A显示，苗期（Ⅰ）轻度调亏（L）根干重与对照（CK）接近，中（M）、重（S）度调亏根系干重分别比对照低25.3%和23.5%，达显著水平，这可能是复水后地上生长迅速，抑制了地下生长，因而失去了水分调亏期间促进根系生长的效应。蕾期（Ⅱ）轻度调亏（L）虽有补偿生长，但仍比CK低18.7%，差异显著；中度调亏（M）比CK提高7.2%，显示出补偿生长效应，但不够显著；重度调亏（S）与CK基本接近，表明对根系生长无不利影响。花铃期（Ⅲ）轻、中度调亏分别比CK提高25.7%和24.5%，差异达显著水平（$P<0.05$），显示出较强的“补偿生长效应”；重度调亏比CK低21.3%，差异达显著水平。吐絮期（Ⅳ）轻度调亏比CK低31.8%，达极显著水平；中度调亏低21.0%，达显著水平；重度调亏低8.6%，差异不显著，表明此阶段水分调亏根系后期衰减快，尤其是轻、中度调亏处理，复水后测定结果与调亏期间测定结果相比，根重分别减少15.1%和5.8%；但重度调亏复水后补偿生长效应较强，比调亏期间提高了42.5%。

图2-13B显示，复水后根重密度的变化与根干重呈相似规律。

图2-13C显示的是吐絮后期测定的各处理根干重，可以看出，Ⅰ期的轻度调亏处理与CK相同，Ⅱ期的轻度调亏处理与CK差异不显著，重度调亏处理略高于CK，Ⅲ期的中度调亏处理高于CK并达极显著水平；其余调亏处理根重最终均不同程度低于CK。

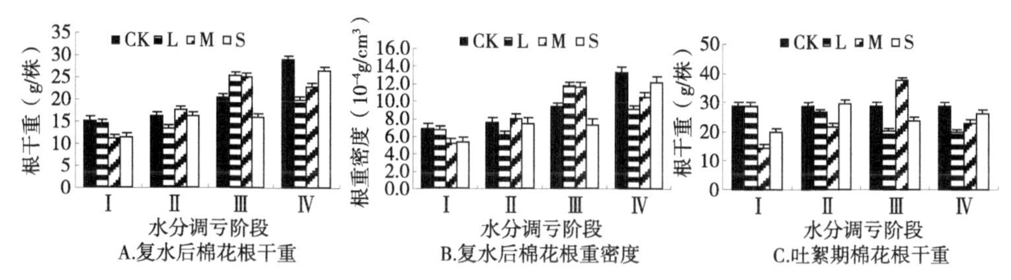

图2-13 复水后棉花根系参数变化

综合比较上述结果认为，Ⅰ期的轻度调亏处理，Ⅱ期的重度调亏处理，Ⅲ期的中度调亏处理，以及吐絮期的重度调亏处理，在水分调亏期间对根系生长有明显促进效应或维持较高的根重值，复水后又有不同程度的根系补偿生长效应或延缓根系衰亡作用，最终保持了较高的根重值，因而是调控棉花根系生态的适宜处理。

2.2.3.2 RDI对棉花株高生长的影响

图2-14A是各生育阶段水分调亏结束时测定的株高，可以看出，在调亏期间随水分调亏度加重，株高逐渐降低。但不同阶段调亏情况又有所不同，苗期、蕾期和花铃期调亏期间株高降低明显，吐絮期次之。苗期各水分调亏处理株高降低幅度为15.6%～29.2%；其中，轻度调亏与对照差异达显著水平（$P=0.05$），中、重度调亏达极显著水平（$P=0.01$）。蕾期各调亏处理株高降幅为9.4%～21.4%，其中，轻度调亏与对照差异不显著，中度调亏达显著水平，重度调亏达极显著水平。花铃期各调亏处理株高降幅9.2%～18.3%，其中，轻度调亏降低不显著，中、重度调亏降低达显著水平。吐絮期各调亏处理株高降幅为2.8%～5.0%，与对照差异均不显著。收获时除重度调亏处理株高仍较明显的低于对照外，轻、中度调亏处理株高均接近或超过对照（图2-14B），显示出适度调亏复水后的补偿或超补偿生长效应。

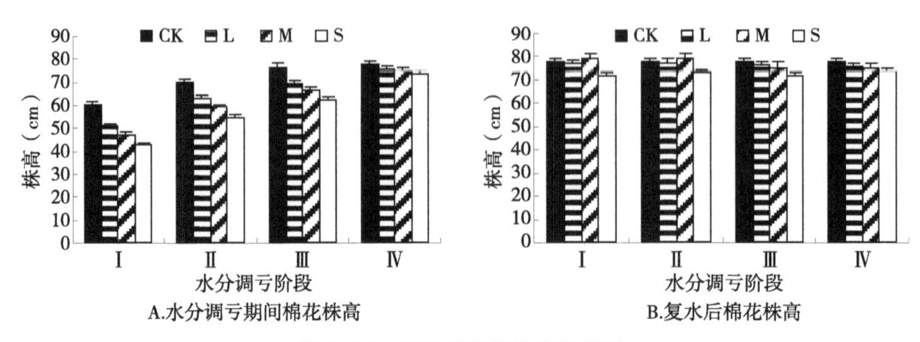

图2-14　RDI对棉花株高的影响

2.2.3.3　RDI对棉花根冠生长关系的调控作用

图2-15A显示的是各生育期不同水分调亏阶段结束时测定的棉花根冠比（R/S）。从总体上看，在花铃期以前各处理的R/S基本上是随生育期的推进呈下降趋势，花铃期最低，至吐絮期又略有回升。说明随着根系的生长发育，吸收水分和养分能力增强，促进了地上部生长发育，R/S逐渐下降，直到花铃期降至最小，以形成最大的经济产量为目标，这与夏玉米的情况相似。从不同生育阶段看，水分调亏基本上是提高R/S的，但不同阶段水分变化对干物质在根、冠间的分配比例的影响又有所不同。在Ⅰ期，水分调亏增大R/S的效应最为明显，且随水分调亏度加重，R/S呈明显增大趋势；R/S最大值出现在Ⅰ期的重度调亏（S），比同期CK增加99.8%，达极显著水平；轻度调亏比CK增加31.3%，差异达显著水平；中度调亏比CK增加94.2%，差异达极显著水平。Ⅱ期轻度调亏的R/S比CK降低11.2%，但差异不显著；中、重度水分调亏处理（M、S）的R/S分别比同期CK增加44.8%和67.5%，均达极显著水平。Ⅲ期各水分调亏处理分别比CK增加40.2%、32.4%和52.4%，均达显著水平。Ⅳ期轻、中度调亏R/S较CK分别增加18.1%和23.8%，差异不显著；重度调亏R/S降低8.6%，差异不显著。说明当出现一定程度水分亏缺时，根系吸水困难，根系从土壤中获得的水分被优先保证根系生长发育需求，使根系受害较地上部分轻，故根冠比增大；同时表明在棉花各生育阶段实施适度的水分调亏均有利于增强根系的发育，控制地上旺长，提高棉花抗旱能力。

图2-15B显示的是各阶段水分调亏处理复水后（均恢复充分供水）于下一阶段水分调亏开始时测定的根系参数。从图2-15B看出，总体上R/S随水分调亏阶段推后呈增大趋势，表明不同阶段的水分调亏对根冠生长关系影响的后效

性是不同的。苗期（Ⅰ）轻度调亏（L）R/S与CK接近，中（M）、重（S）度调亏R/S分别比CK高8.3%和8.5%，差异不显著；这可能是复水后地上补偿生长占优势，抑制了地下生长，因而失去了水分调亏期间促进根系生长的效应。蕾期（Ⅱ）轻度调亏（L）复水后仍基本保持调亏期间的根冠关系，其R/S值与CK差异不显著；中度调亏（M）复水后促根效应得以强化，比CK提高57.1%，达极显著水平；重度调亏（S）复水后R/S下降，但仍比CK高30.5%，达显著水平。花铃期（Ⅲ）轻、中度调亏复水后R/S增加，分别比CK提高13.1%和19.6%，但差异不显著，相对于调亏期间促根效应减弱；重度调亏复水后R/S值变化不明显。吐絮期（Ⅳ）轻度调亏复水后R/S无变化，但比CK低20.9%，达显著水平；中度调亏复水后促根效应进一步增强，R/S比CK高25.6%，达显著水平；重度调亏复水后R/S有明显补偿生长效应，但仍比CK低12.5%，差异不显著。

图2-15C显示的是吐絮后期测定的各处理的R/S，可以看出，在棉花吐絮期以前水分调亏处理大多是增大R/S的（Ⅲ期轻度调亏除外），其中以Ⅰ期的中度调亏处理优势最为明显，比CK高54.3%，达极显著水平；其次是Ⅱ期的中度调亏和Ⅲ期的重度调亏，分别比CK高45.1%和39.7%，也达极显著水平；其余调亏处理的R/S也都比CK有不同程度的提高，差异也达显著水平。

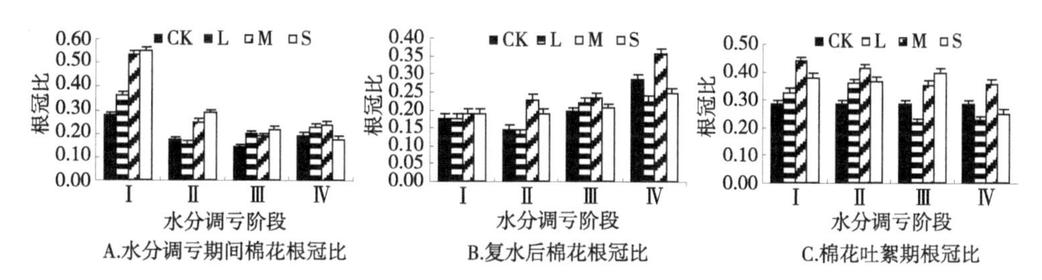

A.水分调亏期间棉花根冠比　B.复水后棉花根冠比　C.棉花吐絮期根冠比

图2-15　RDI对棉花根冠比的影响

综合比较上述3次测定结果认为，棉花各阶段的中度水分调亏处理（土壤水分控制下限50%～55%FC），在调亏期间对根系生长有明显促进效应或维持较高的根重值，复水后又有不同程度的根系补偿生长效应或延缓根系衰亡作用，后期仍保持较高的根重值，因而是调控棉花根系生态的适宜处理。

2.2.3.4　RDI对棉铃发育的调控作用

为实现对棉株生殖生长动态的定位监测，本试验以棉铃直径增长动态代表棉株生殖生长动态，即在棉花初花期对1、2、3果枝第一果节、第二果节当天开的花挂牌标记，从结铃期起用千分卡尺测量棉铃直径，每株测量5个棉铃，每5d测量一次，直至吐絮期。

苗期重度水分调亏棉铃直径显著低于对照（图2-16A），轻度调亏低于对照，而中度调亏在7月18—28日棉铃直径增长较对照快，此后有所减慢，但最终接近或超过对照。蕾期调亏与苗期调亏有十分相似的趋势（图2-16B）。说明适度水分调亏不会明显抑制生殖生长甚或有促进作用。至于花铃期和吐絮期水分调亏对棉铃生长的影响以及不同阶段水分调亏对棉铃数变化的影响尚需进一步试验研究。

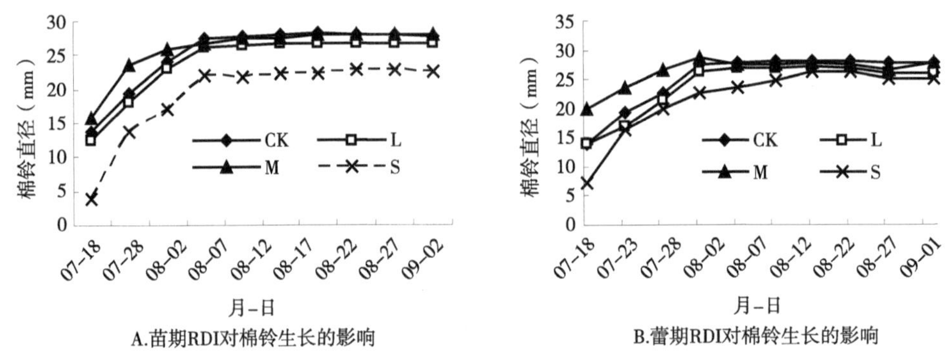

图2-16 RDI对棉铃发育的影响

2.3 小结与讨论

关于RDI对作物根冠生长发育及其相互关系影响的系统研究资料报道较少。本研究结果表明，RDI对作物根冠生长发育的影响因不同作物、不同水分调亏阶段、不同水分调亏度而不同。

2.3.1 RDI对冬小麦根冠生长发育的影响

冬小麦在水分调亏期间根系生长受到强烈抑制，但适时适度的水分调亏复水后根系具有“补偿生长效应”或“超补偿生长效应”。冬前适度水分调亏（调亏度55%～65%FC）复水后根系有补偿或超补偿生长效应，最终根重接近或超过对照，即冬前适度水分调亏对根系生长具有正效应；过度调亏造成的根系生长损失复水后难以补偿，对根系生长具有负效应。

比较分析冬小麦在水分调亏期间和复水后的株高变化情况可见，返青—拔节阶段不同水分调亏处理复水后均有“补偿生长效应”或“超补偿生长效应”，而且这种“补偿生长效应”随水分调亏度加重呈增强趋势，最终株高分别超过对照4.4%、7.1%和14.1%。拔节—抽穗阶段（Ⅳ）各水分调亏处理最终株高均低于对照，轻度调亏与对照差异不显著，中、重度调亏差异达显著水平。比较分析调亏期间和复水后株高变化情况可以看出，此阶段水分调亏处理复水后株高也有较明显“补偿生长效应”，但由于此阶段的水分调亏处理是在抽穗后复水，株高已接近最大值，补偿生长空间受限，故最终株高仍低于对照。所以生产上应在拔节期实施适度水分调亏，控制植株营养体旺长，促进植株健壮生长，有利于防止倒伏，并提高经济产量。

已有研究结果表明，冠层叶抽穗前主要供应茎秆充实和颖花发育所需养分，抽穗后则主要供应籽粒灌浆，冠层光合能力是小麦灌浆物质的来源及产量形成的重要决定因素，冠层光合器官对群体光合速率的贡献为50%～60%[6-10]。本研究结果说明，在拔节前和抽穗后轻、中度水分调亏不会明显抑制旗叶生长，而在拔节—抽穗期调亏对旗叶面积扩展有严重抑制作用；在冬前和抽穗后水分调亏对倒二叶无明显影响，在其余阶段水分调亏对倒二叶面积扩展会产生强烈抑制作用。

根与冠是植物的结构和功能的基础[12]，二者的相互调节对提高作物水分利用效率具有重要作用。由于作物水分利用效率主要取决于单位叶面积的蒸腾速率和根系吸水能力，因此，作物高效用水的实质是如何使根、冠结构和功能达到最优匹配[13]。如何协调二者的生长关系实现资源的高效利用是一个亟待研究的问题[14, 15]。本研究结果表明，土壤水分变化显著影响干物质在根、冠间的分配比例，水分调亏均增大R/S，且随水分调亏度加重，R/S呈明显增大趋势。说明当出现一定程度水分亏缺时，根系吸水困难，根系从土壤中获得的水分被优先保证根系生长发育需求，使根系受害较地上部分轻，故根冠比增大。同时还表明在冬小麦生育前期（拔节以前）实施适度的水分调亏有利于增强根系的发育，控制地上部分旺长，提高小麦抗旱能力，这与已有相关研究结论[17-19]基本一致。

2.3.2 RDI对夏玉米根冠生长发育的影响

试验表明，玉米生长中后期水分调亏具有促进根系发育和减缓根系衰亡的

“双重效应”，反映出玉米根系在生育后期比生育前期对水分适应能力强的特性，这与冬小麦的情况相反。

在玉米苗期水分调亏对株高生长抑制较明显，但复水后有“补偿生长效应”，因而对株高调控适度；拔节—抽穗期水分调亏显著抑制株高生长，对营养体调控过度，减少光合产物积累，对后期经济产量形成不利；后期调亏对株高影响不大，而对经济产量形成十分不利。

已有研究一直认为，水分亏缺对几个与产量密切关联的生理过程有不同的敏感性影响，其先后顺序为生长—蒸腾—光合—运输（Turner，1989；山仑等，1991）[22]，而且这种顺序被长期引用。受本研究结果启示，笔者认为这个顺序在不同生育阶段不尽相同。这主要取决于不同生育阶段的形态发育和体内代谢特点。譬如，在生长旺盛阶段，水分亏缺可能首先影响生长过程；在光合产物运输旺盛阶段，水分亏缺可能主要影响运输过程。然而，其确切的生理生化机制尚须进一步试验研究。

研究发现，玉米根冠比（R/S）受水分影响最大的阶段是Ⅰ期（苗期—拔节期），受水分影响最小的阶段是Ⅳ期（灌浆期）；这与葛体达等的研究结果不尽一致[21]。Ⅱ期水分调亏期间能显著增大R/S值，复水后分配到冠部与根部的物质较平衡，维持较为适宜的R/S，因此认为此阶段为通过RDI调控R/S的适宜阶段。

2.3.3 RDI对棉花根冠生长发育的影响

协调棉株营养生长和生殖生长之间的关系，即协调根、茎、叶、枝生长与蕾、花、铃发育之间的关系，是“协调生长栽培理论”（即营养生长过旺，抑制生殖生长，表现为疯长或贪青晚熟；营养生长过弱，又限制生殖生长或脱落早衰）的重要内容[23]。根据棉花的生物学特性，借鉴国内外果树调亏灌溉技术研究成果[24]与生产经验，实施棉花调亏灌溉研究相对于其他作物的调亏灌溉研究更具科学价值和实践意义。

试验表明，不论土壤水分状况如何，随着棉花生育阶段的推进，根重呈明显递增趋势，表明水分调亏期间没有改变棉花根系生长的总趋势；但具体分析各生育阶段结果显示，多数水分调亏处理对根系增重速率具有促进作用（蕾期轻度调亏和吐絮期重度调亏例外），这与冬小麦和夏玉米的情况显然不同。

RDI对棉花地上部分生长的影响情况是，在调亏期间随水分调亏度加重，株高逐渐降低。但不同阶段调亏情况又有所不同，苗期、蕾期和花铃期调亏期间株高降低明显，吐絮期次之。复水后（收获前测定）除重度调亏处理株高仍较明显的低于对照外，轻、中度调亏处理株高均接近或超过对照，显示出适度调亏复水后的补偿或超补偿生长效应。

从不同生育阶段看，水分调亏基本上是提高R/S的，但不同阶段水分变化对干物质在根、冠间的分配比例的影响又有所不同。在苗期，水分调亏增大R/S的效应最为明显，且随水分调亏度加重R/S呈明显增大趋势。综合比较复水前后测定结果认为，棉花各阶段的中度水分调亏处理（调亏度50%～55%FC），在调亏期间对根系生长有明显促进效应或维持较高的根重值，复水后又有不同程度的根系补偿生长效应或延缓根系衰亡作用，后期仍保持较高的根重值，因而是调控棉花根系生态的适宜处理。

参考文献

[1] 马元喜. 小麦的根[M]. 北京：中国农业出版社，1999：136-139.

[2] 马元喜，王晨阳，周继泽. 小麦根系主要生态效应的研究[J]. 河南农业大学学报，1994，28（1）：12-18.

[3] 杨兆生，张立祯，闫素红. 小麦开花后根系衰退及分布规律的初步研究[J]. 华北农学报，1999，14（1）：28-31.

[4] 王旭清，王法宏，于振文，等. 垄作栽培对冬小麦根系活力和旗叶衰老的影响[J]. 麦类作物学报，2005，25（1）：55-60.

[5] 杨书运，严平，梅雪英，等. 土壤水分亏缺对冬小麦根系的影响[J]. 麦类作物学报，2007，27（2）：309-313.

[6] 金善宝. 中国小麦学[M]. 北京：农业出版社，1996：162-166.

[7] 凌启鸿，朱庆森. 小麦各叶位叶片对产量形成作用的研究[J]. 作物学报，1965，4（3）：219-233.

[8] 徐恒水，赵君实，李群，等. 高产小麦光合源调节对群体光合能力和产量的影响[J]. 江苏农学院学报，1996，17（专刊）：79-84.

[9] 凌启鸿，张洪程，程庚令，等. 小麦“小群体、壮个体、高积累”高产栽培途径的研究[J]. 江苏农学院学报，1983，4（1）：1-6.

[10] 彭永欣，郭文善，严六零，等. 小麦栽培与生理[M]. 南京：东南大学出版社，1992：1-21，73-86.

[11] 蒋军民，华国怀，徐和钧，等. 不同剪叶处理对扬麦158灌浆期物质生产及籽拉产量的影响[J]. 上海农业学报，1999，15（1）：83-86.

[12] 陈晓远，高志红，罗远培. 植物根冠关系[J]. 植物生理学通讯，2005，41：555-562.

[13] 高志红，陈晓远，罗远培. 不同土壤水分条件下冬小麦根、冠平衡与生长稳定性研究[J]. 中国农业科学，2007，40（3）：540-548.

[14] PARSONS R，SUNLEY R J. Nitrogen nutrition and the role of root-shoot nitrogen signaling particularly in symbiotic systems[J]. Journal of Experimental Botany，2001，52：435-443.

[15] ANYIA A O，HERZOG H. Water-use efficiency，leaf area and leaf gas exchange of cowpeas under mid-season drought[J]. European Journal of Agronomy，2004，20：327-339.

[16] 苗果园，张云亭，尹均，等. 黄土高原旱地冬小麦根系生长规律的研究[J]. 作物学报，1989，15（2）：104-115.

[17] LIEDGENS M，RICHNER W. Relation between maize（*Zea mays* L.）leaf area and root density observed with minirhizotrons[J]. European Journal Agronomy，2001，15：131-141.

[18] 杨贵羽，罗远培，李保国. 苗期土壤含水率变化对冬小麦根、冠生物量累积动态的影响[J]. 农业工程学报，2004，20（2）：83-86.

[19] 刘晓英，罗远培. 水分胁迫对冬小麦生长后效影响的模拟研究[J]. 农业工程学报，2003，19（4）：28-31.

[20] 孙景生，肖俊夫，段爱旺，等. 夏玉米耗水规律及水分胁迫对其生长发育和产量的影响[J]. 玉米科学，1999，7（2）：45-48.

[21] 葛体达，隋方功，李金政，等. 干旱对夏玉米根冠生长的影响[J]. 中国农学通报，2005，21（1）：103-109.

[22] 山仑，徐萌. 节水农业及其生理生态基础[J]. 应用生态学报，1991（1）：70-76.

[23] 杨铁钢，谈春松，郭红霞. 棉花营养生长和生殖生长关系研究[J]. 中国棉花，2003，30（7）：13-16.

3　调亏灌溉对作物光合特性与物质分配的影响

光合作用是作物最基本的生理过程之一，作物有机物质的生产基本取决于作物的光合性能，而作物经济产量（或收获指数）的高低又取决于光合产物的积累与分配。关于水分逆境条件下（如干旱或渍水）作物光合特性及物质运转变化已有不少报道[1-6]，但多偏重于水分胁迫程度对其影响的研究，而关于RDI条件下（不同水分亏缺程度、不同水分亏缺阶段及复水效应）作物光合特性及其产物积累与分配规律的研究资料较少。本试验采用防雨棚下盆栽方法就RDI对作物光合特性及其产物积累与分配的影响进行研究，为作物对RDI响应的整体性理论提供依据。

3.1　材料与方法

3.1.1　供试材料

2004年10月至2005年6月和2005年10月至2006年6月，以冬小麦（*Triticum aestivum* L.）为试验材料，品种为93中6，由中国农业科学院棉花研究所小麦育种栽培研究室选育与提供；2007年10月至2008年6月，冬小麦试验品种为郑麦98，由河南省农业科学院小麦研究所提供。

2004年6—9月和2005年6—9月以夏玉米（*Zea mays* L.）为试验材料，选用品种为郑单14，由河南省农业科学院玉米研究所培育与提供。

2005年6—10月和2006年6—10月以棉花（*Gossypium hirsutum* L.）为试验材料，选用品种为美棉99B，由中国农业科学院棉花研究所提供。

3.1.2 试验方法

3.1.2.1 冬小麦试验

2004年10月至2005年6月和2005年10月至2006年6月，冬小麦试验在中国农业科学院农田灌溉研究所商丘实验站移动式防雨棚下进行。采用盆栽土培法，盆为圆柱形，分母盆和子盆，母盆内径31.0cm，高38cm，埋入土中，上沿高出地面5.0cm；子盆内径29.5cm，高38cm。子盆底部铺5cm厚的沙过滤层，以调节下层土壤通气状况和水分条件。为防止土壤表面水分过量蒸发和土壤板结，子盆两侧各置放直径3cm的细管用于供水（细管周围有小孔，用密质纱网包裹以防堵塞）。取大田0～20cm表土，过筛装盆，每子盆装土壤干重28kg，土质为中壤土，基础养分含量为有机质9.3g/kg，全氮0.98g/kg，碱解氮44.02mg/kg，速效磷6.2mg/kg，速效钾112mg/kg；土壤容重1.34g/cm^3，田间持水量26%；每盆混入200g优质农家肥，全生育期每盆放N 5.6g，P_2O_5 2.8g，K_2O 4.2g，其中N 1/2基施，1/2追施。精选种子，于10月16日浸后播种，每盆30粒，出苗后至三叶期定苗，每盆留苗23株，并开始水分处理。采用二因素随机区组设计，冬小麦设置5个水分调亏阶段：三叶—越冬（Ⅰ），越冬—返青（Ⅱ），返青—拔节（Ⅲ），拔节—抽穗（Ⅳ），抽穗—成熟（Ⅴ）；每个调亏阶段设置3个水分调亏程度：轻度调亏（L），中度调亏（M）和重度调亏（S），土壤相对含水量（占田间持水量的百分数）分别为60%～65%FC（Field Capacity），50%～55%FC和40%～45%FC；设对照（CK）1个，相对含水量为75%～85%FC；共5×4＝20个处理组合，每个处理重复9次，其中6次用于取样分析，3次用于收获计产。调亏阶段灌水按处理设计水平（低于下限灌至上限），分别在各生育阶段（水分调亏阶段）结束时复水，即按对照水平（75%～85%FC）控制水分。三叶期开始水分处理，用电子台秤称重法测定土壤含水量，用水量平衡法确定蒸发蒸腾量，每天或隔天称重，当各盆土壤水分低于设计标准时用量杯加水，记录各盆每次加水量，由水量平衡方程计算各时期总的耗水量。试验共用母盆和子盆各180个，子盆置于母盆内，便于称重而不粘泥土。

2007年10月至2008年6月冬小麦试验在中国农业科学院农田灌溉研究所作物需水量试验场大型启闭式防雨棚下进行。该试验场位于河南省新乡市东北郊，东经113°53′、北纬35°19′，属典型的暖温带半湿润半干旱地区。试验方法同第2章。

3.1.2.2 夏玉米试验

2004年6—9月和2005年6—9月夏玉米试验在中国农业科学院农田灌溉研究所商丘实验站移动式防雨棚下进行。该站位于河南省商丘市西北郊，北纬34°35′、东经115°34′。采用盆栽土培法，盆为圆柱形，分母盆和子盆，母盆内径31.0cm，高38cm，埋入土中，上沿高出地面5.0cm；子盆内径29.5cm，高38cm。子盆底部铺5cm厚的沙过滤层，以调节下层土壤通气状况和水分条件。为防止土壤表面水分过量蒸发和土壤板结，子盆两侧各置放直径3cm的细管用于供水（细管周围有小孔，用密质纱网包裹以防堵塞）。取大田0～20cm表土，过筛装盆，每子盆装干土重28kg，土壤质地为壤土，基础养分含量为有机质9.3g/kg，全氮0.98g/kg，碱解氮44.02mg/kg，速效磷6.2mg/kg，速效钾112mg/kg；土壤容重为1.34g/cm^3，田间持水量为26%。每盆混入200g优质农家肥，全生育期每盆放N 3.0g，P_2O_5 0.85g，K_2O 1.2g，其中N 1/2拔节追施，1/2孕穗追施。精选种子，于6月14日浸后播种，每盆5粒，出苗后至三叶一心期定苗，每盆1株，并开始水分处理。玉米设置4个水分调亏阶段：三叶—拔节（Ⅰ），拔节—抽穗（Ⅱ），抽穗—灌浆（Ⅲ），灌浆—成熟（Ⅳ）；每个调亏阶段设置3个水分调亏程度：轻度调亏（L），中度调亏（M）和重度调亏（S），土壤相对含水量（占田间持水量的百分率）分别为60%～65%FC，50%～55%FC，40%～45%FC；共4×3＝12个处理组合，重复5次；设对照（相对含水量75%～80%FC）5盆；水分调亏阶段灌水按处理设计水平（低于下限灌至上限），在各生育阶段（水分调亏阶段）结束时复水，即按对照水平（75%～85%FC）控制水分。三叶期开始水分处理，用电子台秤称重法测定土壤含水量，用水量平衡法确定蒸发蒸腾量，每天或隔天称重，当各盆土壤水分低于设计标准时用量杯加水，记录各盆每次加水量，由水量平衡方程计算各时期总的耗水量。试验共用母盆和子盆各65个，子盆置于母盆内，便于称重而不粘泥土。玉米排列行距60cm，株距31cm，群体密度53 763株/hm^2。

3.1.2.3 棉花试验

棉花试验在中国农业科学院农田灌溉研究所商丘实验站移动式防雨棚下进行。该站位于河南省商丘市西北郊，北纬34°35′、东经115°34′。采用盆栽土培法，盆为圆柱形，分母盆和子盆，母盆内径31.0cm，高38cm，埋入土中，上沿高出地面5.0cm；子盆内径29.5cm，高38cm。子盆底部铺5cm厚的沙过滤层，以调节下层土壤通气状况和水分条件。为防止土壤表面水分过量蒸发和土壤板结，子盆两侧各置放直径3cm的细管用于供水（细管周围有小孔，用纱网包裹以防堵塞）。取大田0～20cm表土，过筛装盆，每子盆装干土重28kg，土壤质地为壤土，基础养分含量为有机质9.3g/kg，全氮0.98g/kg，碱解氮44.02mg/kg，速效磷6.2mg/kg，速效钾112mg/kg；土壤容重为1.34g/cm^3，田间持水量为26%；每盆混入200g优质农家肥，全生育期每盆放N 5.6g，P_2O_5 2.8g，K_2O 4.2g，其中N 1/2基施，1/2追施。精选种子，浸后播种，营养钵育苗，每钵3粒。当棉苗长至5片真叶时由苗床移植至盆中，每盆2株，缓苗后每盆留苗1株，并开始水分处理。采用二因素随机区组设计，棉花设置4个水分调亏阶段：苗期（Ⅰ），蕾期（Ⅱ），花期（Ⅲ），吐絮期（Ⅳ）；每个水分调亏阶段设置3个水分调亏程度：轻度调亏（L），中度调亏（M）和重度调亏（S），土壤相对含水量（占田间持水量的百分数）分别为60%～65%FC，50%～55%FC和40%～45%FC；共4×3＝12个处理组合，重复4次；另设全生育期保持适宜土壤水分处理4盆作为对照（CK），土壤相对含水量分别为60%～65%FC（苗期），60%～65%FC（蕾期），70%～75%FC（花铃期）和60%～65%FC（吐絮期）；调亏阶段灌水按处理设计水平（低于下限灌至上限），在各生育阶段（水分调亏阶段）结束时复水，即按对照水平控制水分。缓苗后开始水分处理，用电子台秤称重法测定土壤含水量，用水量平衡法确定蒸发蒸腾量，每天或隔天称重，当各盆土壤水分低于设计标准时用量杯加水，记录各盆每次加水量，由水量平衡方程计算各时期总的耗水量。试验共用母盆和子盆各52个，子盆放置于母盆内，便于称重而不粘泥土。棉花排列行距60cm，株距31cm，群体密度53 763株/hm^2。

3.1.3 测定项目

3.1.3.1 光合速率的测定

叶片净光合速率（P_n）采用英国PP system公司生产的CIRAS-1便携式光合系统测定，环境CO_2浓度由CO_2小钢瓶控制在360mg/kg，光强由系统自带的人工光源LED提供，设置为1 500mmol/（m^2·s）；各处理选有代表性的植株3株挂牌标记，每次测定选在晴好天气的10：00—11：00时进行；冬小麦抽穗前测

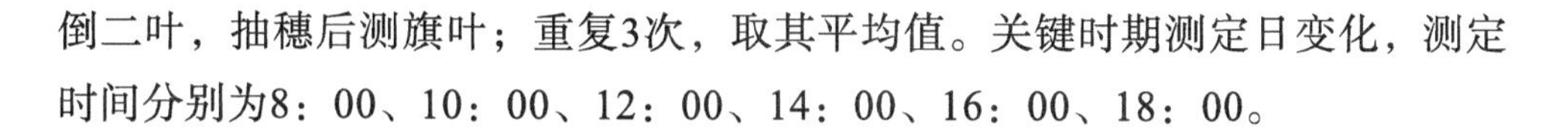

倒二叶，抽穗后测旗叶；重复3次，取其平均值。关键时期测定日变化，测定时间分别为8：00、10：00、12：00、14：00、16：00、18：00。

3.1.3.2 冬小麦籽粒灌浆过程的测定

于小麦开花期选择长势一致同日开花的植株进行挂牌，小麦花后每隔5d取样1次，每处理取5个主茎穗，在105℃下杀青20min，然后在80℃下烘至恒重脱粒，1‰天平称重，折算成百粒重，3次重复。

3.1.3.3 冬小麦籽粒灌浆过程的模拟

用Richards方程$W=A/(1+Be^{-kt})^{1/N}$对籽粒灌浆过程进行拟合。式中，W为百粒质量（g），A、B、K、N为参数，A为生长量终值（g/100粒），t为开花后天数，N为环境充分系数，决定曲线的形状。若用W_0表示生长量初值，r表示内禀增长率，则$B=(A/W_0)^N-1$，$K=Nr$。并用判断系数R^2（W依t的回归平方和占总平方和的比率）表示其配合适度。利用DPS软件，通过籽粒重量W和灌浆时间t的拟合，求得这些方程参数，建立各处理籽粒灌浆过程模拟模型，并计算灌浆次级参数。

3.1.3.4 干物质分配的测定

分别于水分调亏期间、复水后和收获前取冬小麦和夏玉米的叶、茎鞘、穗轴、籽粒；棉花取叶、茎和籽棉；称鲜重，105℃下杀青30min，80℃烘至恒重，称干重。

3.2 结果与分析

3.2.1 RDI对冬小麦光合速率的影响

RDI对冬小麦返青期光合速率的影响情况比较复杂（图3-1）。从图3-1A（测定日期：2008-03-25）可见，不同时段内光合速率对土壤水分状况的响应有所不同，即存在“时段性差异”。在8：00—10：00，各水分调亏处理的光合速率均高于CK；在10：00—12：00轻（L）、中（M）度调亏明显高于CK，重度调亏（S）明显低于CK；在12：00—16：00各调亏处理均明显低于

CK；在16：00—18：00各处理差异不明显。这可能是此阶段气象因子（太阳辐射、气温、相对湿度、风速等）变化较活跃所致。但对各处理一天中的平均光合速率进行Duncan新复极差检验表明，各处理间差异均不显著。

从图3-1B（测定日期：2008-04-16）可见，返青期水分调亏复水后（20d），各水分调亏处理的光合速率日变化趋势与CK接近，但也存在时段性差异。在8：00—10：00，中、重度调亏处理的光合速率与CK几乎相同，轻度调亏较CK略低；在10：00—12：00，轻度调亏出现一个峰值，明显高于CK，中度调亏与CK基本一致，重度调亏明显低于CK；在12：00—14：00，轻、中度调亏高于CK，重度调亏仍明显低于CK；14：00以后各调亏处理均低于CK。但对各处理一天中的平均光合速率进行Duncan新复极差检验表明，各处理间差异也均不显著。说明在本试验条件下返青期水分调亏对光合速率未产生显著影响。

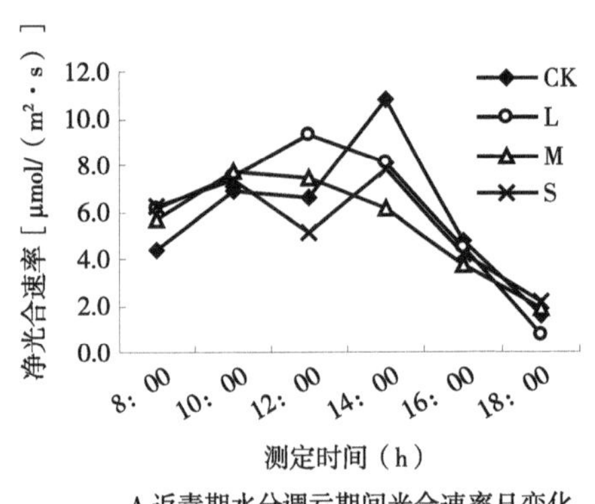

A.返青期水分调亏期间光合速率日变化

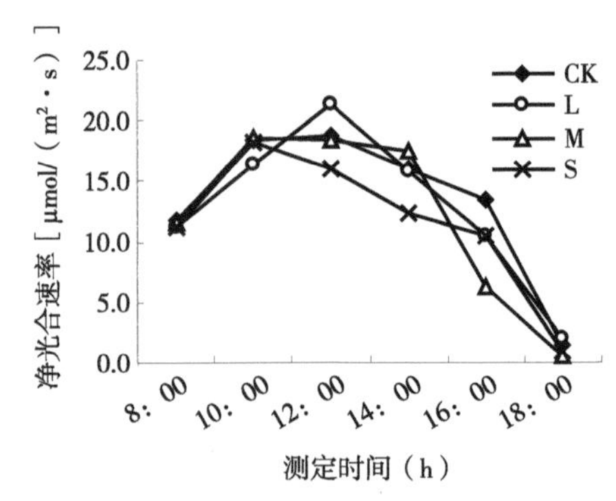

B.返青期水分调亏复水后光合速率日变化

图3-1　返青期RDI对冬小麦光合速率的影响

图3-2所示是拔节期RDI对冬小麦光合速率的影响情况。从图3-2A（测定日期：2008-04-16）可见，在水分调亏期间各调亏处理的光合速率均低于CK，而且随水分调亏度加重光合速率降低幅度增大；经Duncan新复极差检验，轻度调亏光合速率降低不显著（$P>0.05$），中度调亏降低达显著水平（$P<0.05$），重度调亏降低达极显著水平（$P<0.01$）。

图3-2B（测定日期：2008-04-24）可见，拔节期调亏复水后（8d）光合速率补偿效应较明显，除在8：00—10：00重度调亏（S）处理低于CK外，各调亏处理均高于CK；经Duncan新复极差检验，轻度调亏与CK差异达显著水平，中、重度调亏与CK差异不显著；各水分调亏处理间差异也不显著。

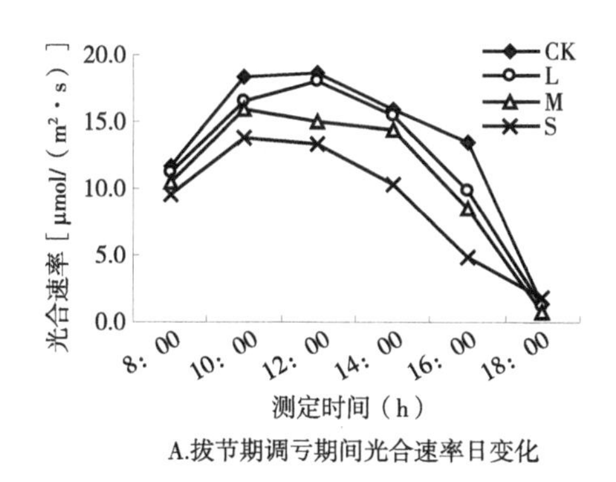

A.拔节期调亏期间光合速率日变化

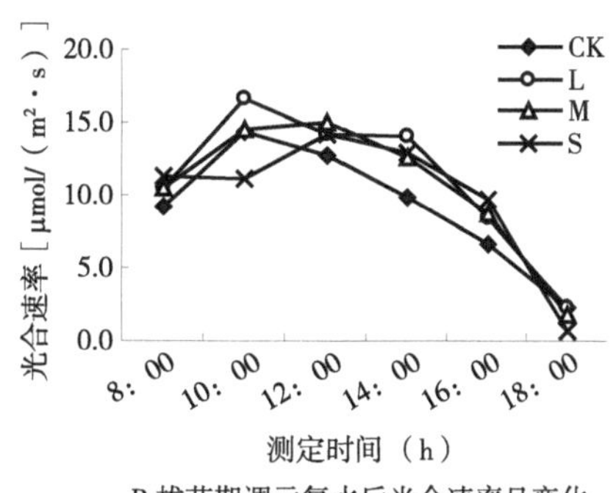

B.拔节期调亏复水后光合速率日变化

图3-2　拔节期RDI对冬小麦光合速率的影响

图3-3A所示是抽穗期RDI对冬小麦光合速率的影响情况。从图3-3A（测定日期：2008-04-24）可见，在水分调亏期间各调亏处理的光合速率均低于CK，而且有随水分调亏度加重光合速率降低幅度增大的趋势；经Duncan新复极差测验，轻度调亏（L）光合速率与CK相比降低不显著（*P*>0.05），中（M）、重（S）度调亏降低达极显著水平（*P*<0.01）。

图3-3B（测定日期：2008-05-13）可见，抽穗期调亏复水后（18d）光合速率也有一定补偿效应，但较前几个阶段明显减弱，各调亏处理仍比CK低，经Duncan新复极差测验差异达显著水平，但各调亏处理间差异不显著。另外也看出，各调亏处理复水后的光合速率日变化规律性不明显，可能是叶片已开始衰老之故。

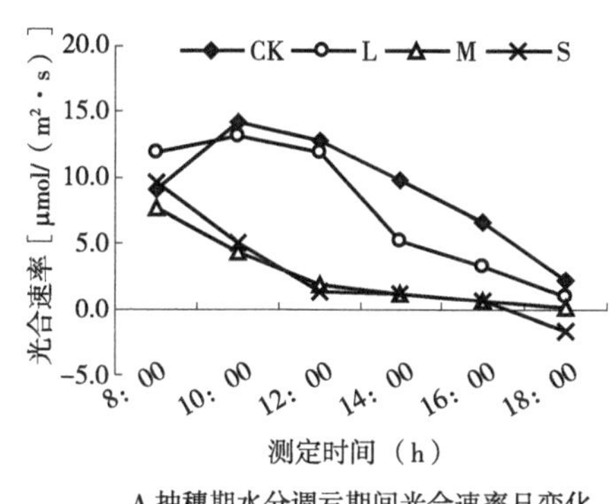

A.抽穗期水分调亏期间光合速率日变化

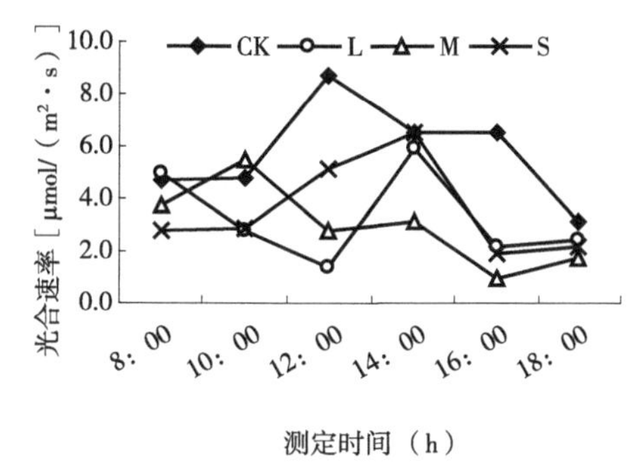

B.抽穗期调亏复水后光合速率日变化

图3-3　抽穗期RDI对冬小麦光合速率的影响

根据试验测定结果对冬小麦各生育阶段植株光合速率与土壤水分的关系进行拟合，结果见表3-1。从表3-1中可以看出，越冬期和拔节期调亏期间光合速率与土壤水分关系呈显著或极显著二次曲线关系，说明这两个阶段植株光合速率对土壤水分变化反应敏感；越冬期调亏复水后的光合速率与调亏期间的水分调亏度（土壤水分控制下限）仍呈显著二次曲线关系，说明水分调亏对光合速率的影响不是孤立的，某阶段水分调亏不仅对本阶段产生影响，而且对以后阶段也有明显影响，即存在“后效性”；负的相关系数表明，调亏期间水分调亏度越重（土壤水分控制下限越低），复水后光合速率越高，即调亏处理复水后光合速率具有补偿或超补偿效应。同时从表3-1中还看到，返青期和抽穗期水分调亏期间的光合速率与土壤水分状况呈微弱二次曲线关系，但复水后的光合速率与水分调亏度间呈极显著二次曲线关系，说明这两个阶段水分调亏的功效主要体现于“后效性”。

根据表3-1中方程求导计算，拔节期调亏复水后的日平均光合速率存在一个最大值，即10.93μmol/（$m^2\cdot s$），对应的土壤相对含水量为63.26%；如果土壤水分超出或低于此限，植株光合速率将会降低。也就是说，拔节期实施水分调亏度为60%～65%FC的轻度调亏，复水后光合速率补偿效应明显，可获得最大光合速率。

表3-1　冬小麦不同生育阶段光合速率与土壤相对含水量关系拟合模型

调亏阶段	模拟方程	R	R^2
返青期	调亏期间：$y=-3.8958x^2+6.8176x+2.9597$	0.747 8	0.559 2
	复水后：$y=-5.2083x^2+12.746x+6.4218$	0.998 1**	0.996 2**
拔节期	调亏期间：$y=-17.75x^2+37.313x-5.2564$	0.999 0**	0.998 0**
	复水后：$y=-60.382x^2+76.395x-13.235$	−0.937 3	0.878 6
抽穗期	调亏期间：$y=35.417x^2-21.572x+4.1588$	0.942 2	0.887 8
	复水后：$y=75.937x^2-91.928x+30.604$	0.990 8**	0.981 7**

综上所述，不同生育阶段冬小麦叶片的光合速率对水分调亏的敏感性存在差异。返青期水分调亏期间及其复水后，各调亏处理光合速率均与CK差异不显著；拔节期水分调亏期间，中、重度调亏光合速率降低达显著或极显著水平，但复水后光合速率补偿效应明显，各调亏处理均超过CK水平；抽穗期水分调亏期间光合速率受到最强烈抑制，复水后补偿效应又较弱，补偿时间也有限。因此认为，实施RDI应在冬小麦抽穗以前进行。

3.2.2 RDI对冬小麦籽粒灌浆特征的影响及模拟模型

小麦产量受多方面因素的影响，其中粒重是造成小麦产量不稳和影响高产的重要因素，而灌浆期则是最终决定粒重的关键期。该时期除受小麦品种本身的生物学特性影响外，水分对小麦灌浆进程和粒重有着重要作用[7]。

3.2.2.1 RDI对小麦籽粒干重积累的影响

由图3-4小麦灌浆期籽粒干物质积累的“S”形曲线看出，小麦灌浆过程经过3个明显阶段：一是缓增期（籽粒形成阶段）。从开花授粉到籽粒成型，一般到花后15d。此阶段粒重增加较慢，此期灌浆粒重占成熟千粒重的21.43%～26.80%。二是快增期（快速灌浆阶段）。籽粒成型后持续15d左右，增重高峰期一般在花后15～30d，此期增重占千粒重的64.18%～73.46%。三是慢增期（籽粒缩水成熟阶段）。一般是花后30d到成熟，此期籽粒含水率下降，粒重增加速度慢，灌浆粒重占千粒重的3.6%～5.8%，这与周竹青等人的结果相一致[8]。但不同水分调亏处理下小麦灌浆的部分特征参数间存在差异。

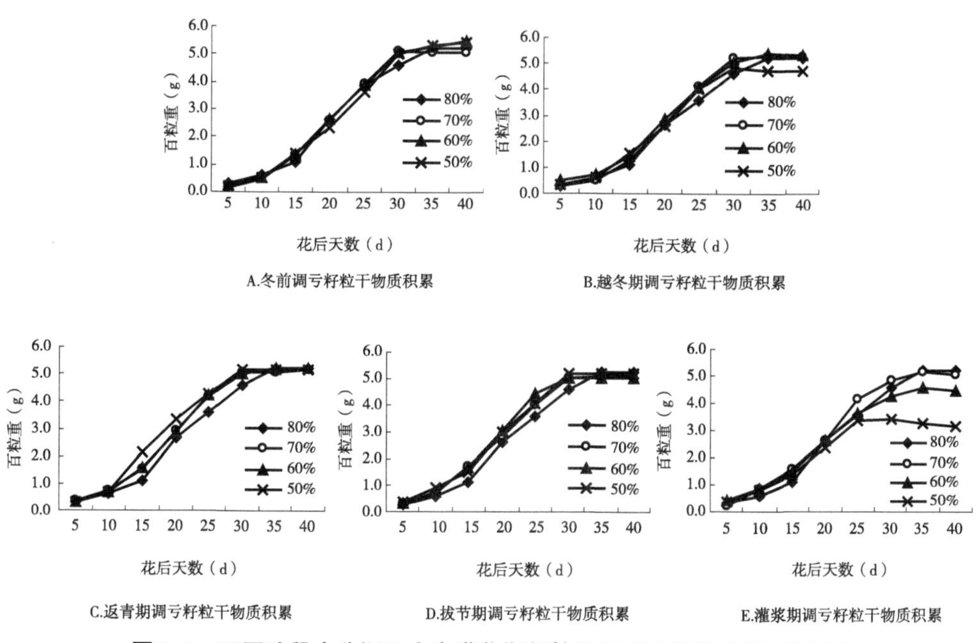

图3-4 不同阶段水分调亏小麦灌浆期籽粒干物质积累的“S”形曲线

3.2.2.2 RDI条件下小麦籽粒灌浆过程拟合方程

根据试验结果，尝试采用Logistic、Richards和Cubic等不同方程对籽粒灌浆过程进行模拟，拟合结果的决定系数R^2均在0.99以上（表3-4），达极显著水平，说明3种方程均能较好模拟籽粒灌浆过程；其中大多数处理（处理16例外）以Richards方程模拟效果最好，故本研究主要就Richards方程模拟结果作进一步分析。

以开花后天数（t）为自变量，每次测得的百粒重（W）为依变量，则Richards方程形式见式（3-1）。

$$W=A/(1+Be^{-kt})^{1/N} \tag{3-1}$$

式中，A、B、K、N为参数，其中A为生长量终值（g/100粒），N为环境充分系数，决定曲线的形状。若用W_0表示生长量初值，r表示内禀增长率，则$B=(A/W_0)^N-1$，$K=Nr$。并用判断系数R^2（W依t的回归平方和占总平方和的比率）表示其配合适度。利用DPS软件，通过籽粒重量（W）和灌浆时间（t）的拟合，求得这些方程参数，建立各处理籽粒灌浆过程模拟模型（表3-2）。

对式（3-1）求一阶导数，得籽粒灌浆速率（Vt）方程，见式（3-2）。

$$Vt=AKBe^{-kt}/N(1+Be^{-kt})^{N+1/N} \tag{3-2}$$

对式（3-1）求二阶导数，并令其为0，得达最大灌浆速率（V_{max}）时的日期（T_{max}），见式（3-3）。

$$T_{max}=(\ln B-\ln N)/K=\ln(B/N)/K \tag{3-3}$$

此T_{max}实际上是式（3-1）拐点的t坐标值。将T_{max}代入式（3-2）即得V_{max}。

对式（3-2）积分得平均灌浆速率（$\overline{V}$），见式（3-4）。

$$\overline{V}=\frac{1}{A}\int_{w=0}^{w=A}\frac{dw}{dt}\cdot dt-\frac{AK}{2(N+2)} \tag{3-4}$$

活跃生长期D为生长终值A除以$\overline{V}$，见式（3-5）。

$$D=A/\overline{V}=2(N+2)/K \tag{3-5}$$

划分灌浆过程的前、中、后期，生长速率方程Vt具有两个拐点，求其对t的二阶导数，并令为零，可得两个拐点在t坐标上的值t_1和t_2，见式（3-6）、式（3-7）。

表3-2　不同水分调亏处理冬小麦籽粒灌浆过程模拟方程及拟合效果比较

处理	适宜模拟方程	R_L^2	R_R^2	R_c^2
1	W=5.332 8/{［1+105.529 6exp（−0.221 0t）］^（1/1.101 6）}	0.997 1**	0.997 1**	0.995 0**
2	W=5.191 7/{［1+950.525 7exp（−0.301 6t）］^（1/1.709 5）}	0.996 1**	0.996 7**	0.996 0**
3	W=5.533 6/{［1+180.969 8exp（−0.233 4t）］^（1/1.314 1）}	0.998 2**	0.998 3**	0.997 1**
4	W=5.535 9/{［1+1 522.752 8exp（−0.285 3t）］^（1/2.057 0）}	0.995 9**	0.996 8**	0.996 8**
5	W=5.383 1/{［1+46 735.418 7exp（−0.431 4t）］^（1/2.955 1）}	0.992 7**	0.995 8**	0.993 1**
6	W=5.455 1/{［1+958.336 2exp（−0.287 5t）］^（1/2.046 5）}	0.996 8**	0.998 4**	0.998 0**
7	W=4.806 8/{［1+61 966.111 7exp（−0.454 5t）］^（1/3.421 0）}	0.993 4**	0.997 8**	0.671 8
8	W=5.183 1/{［1+1 506.392 9exp（−0.319 2t）］^（1/2.135 7）}	0.997 3**	0.999 1**	0.993 7**
9	W=5.260 6/{［1+506.977 4exp（−0.283 3t）］^（1/1.693 7）}	0.999 1**	0.999 8**	0.996 1**
10	W=5.333 0/{［1+13.548 7exp（−0.189 4t）］^（1/0.593 2）}	0.994 0**	0.994 5**	0.992 1**
11	W=5.184 6/{［1+325.148 4exp（−0.262 4t）］^（1/1.682 5）}	0.995 9**	0.996 6**	0.996 9**
12	W=5.089 8/{［1+3 545.555 1exp（−0.367 0t）］^（1/2.370 7）}	0.997 4**	0.999 6**	0.992 0**
13	W=5.265 8/{［1+2 317.018 9exp（−0.324 7t）］^（1/2.468 0）}	0.993 9**	0.996 6**	0.994 4**
14	W=5.127 8/{［1+1 495.044 6exp（−0.310 6t）］^（1/2.195 7）}	0.996 4**	0.998 0**	0.996 4**
15	W=4.559 4/{［1+428.472 0exp（−0.265 4t）］^（1/1.999 6）}	0.997 5**	0.999 1**	0.998 3**
16	W=3.385 6/［1+exp（3.814 5−0.241 9t）］	0.978 8**	0.695 6	0.979 1**

注：表中第1列，1为对照（CK，全生育期充分供水）；2、3、4分别为冬前轻、中、重度调亏；5、6、7分别为越冬期轻、中、重度调亏；8、9、10分别为返青期轻、中、重度调亏；11、12、13分别为拔节期轻、中、重度调亏；14、15、16分别为抽穗期轻、中、重度调亏。下表相同。

$$t_1 = -\ln\left[\frac{N^2+3N+N\sqrt{N^2+6N+5}}{2B}\right]/K \tag{3-6}$$

$$t_2 = -\ln\left[\frac{N^2+3N-N\sqrt{N^2+6N+5}}{2B}\right]/K \tag{3-7}$$

假定达99%A时为实际灌浆终值期t_3，依式（3-1）得式（3-8）。

$$t_3 = -\ln\left[\frac{\left(\frac{100}{99}\right)^N-1}{B}\right]/K \tag{3-8}$$

由此可确定，前期：$<t_1$；中期（盛期）：$t_1\sim t_2$；后期：$t_2\sim t_3$。

处理16小麦的籽粒灌浆过程用Logistic方程拟合效果最佳，其方程形式见式（3-9）。

$$W=K/(1+e^{a+bt}) \tag{3-9}$$

式中：K、a、b为3个待定参数，其中K为生长量终值（g/100粒），a、b为回归系数。对式（3-9）求一阶导数得灌浆速率方程，见式（3-10）。

$$V_t=Kbe^{a+bt}/(1+e^{a+bt})^2 \tag{3-10}$$

对式（3-9）求二阶导数，得V随时间t而改变的速率方程，见式（3-11）。

$$W''=b^2Ke^{a+bt}(e^{a+bt}-1)/(1+e^{a+bt})^3 \tag{3-11}$$

次级参数的推导：

令式（3-11）=0，得灌浆速率达最大时的日期$T_{\max}$，见式（3-12）。

$$T_{\max}=-a/b \tag{3-12}$$

将$T_{\max}$代入式（3-10）得最大灌浆速率$V_{\max}$，亦即速率方程曲线顶峰的坐标值。

灌浆前、中、后阶段的划分：

灌浆速率方程具有2个拐点，令$W''=0$，可得2个拐点的坐标t_1、t_2；假定W达到K99%时为实际灌浆期t_3，依Logistic方程得$t_3=-(4.595\ 12+a)/b$。由此，确定3个阶段为：渐增期$t_0\sim t_1$，快增期$t_1\sim t_2$，缓增期$t_2\sim t_3$。在快增期，营养物质流进籽粒的平均速率最快，是灌浆高峰期，假定$t_1\sim t_2$为灌浆高峰持

续天数（T_2），则$t_0 \sim t_3$为灌浆持续天数（T）。

因此，灌浆次级参数表述如下：V_{max}为最大灌浆速率；T_{max}为灌浆速率达最大时的时间；$\overline{V}$为整个灌浆过程的平均灌浆速率；T为整个灌浆过程持续天数；D为活跃生长期；R_1、T_1；R_2、T_2；R_3、T_3分别表示了3个阶段灌浆速率［g/（100粒·d）］和阶段灌浆持续时间（d）。

3.2.2.3　RDI条件下小麦籽粒灌浆特征参数间的差异性

从表3-3可见，水分调亏下灌浆持续期（T）相对缩短，平均灌浆速率相应提高。

表3-3　不同水分调亏处理小麦籽粒灌浆特征参数及千粒重

处理	T_{max}	V_{max}	T	$\overline{V}$	D	T_1	T_2	T_3	R_1	R_2	R_3	GW
1	20.64	0.286	41.43	0.190	28.07	13.13	13.60	14.70	0.071	0.124	0.071	47.48
2	20.96	0.323	36.18	0.211	24.60	14.55	11.38	10.25	0.080	0.121	0.082	49.30
3	21.10	0.295	40.78	0.195	28.40	13.56	13.55	13.67	0.079	0.125	0.074	46.18
4	23.16	0.300	39.25	0.195	28.44	15.90	12.79	10.55	0.087	0.114	0.078	51.64
5	22.41	0.369	33.04	0.234	22.97	16.89	9.59	6.56	0.098	0.115	0.099	58.46
6	21.39	0.299	37.35	0.194	28.15	14.20	12.67	10.48	0.096	0.120	0.077	50.19
7	21.57	0.320	31.66	0.202	23.85	16.01	9.60	6.05	0.099	0.103	0.087	49.28
8	20.55	0.309	34.93	0.200	25.91	13.97	11.58	9.38	0.095	0.120	0.080	48.22
9	20.13	0.308	36.33	0.202	26.08	13.33	12.08	10.92	0.088	0.125	0.078	48.03
10	16.52	0.289	40.79	0.195	27.38	9.17	13.64	17.99	0.074	0.147	0.069	50.87
11	20.06	0.282	37.56	0.185	28.07	12.74	13.01	11.80	0.091	0.121	0.072	52.05
12	19.92	0.332	32.42	0.214	23.82	13.96	10.44	8.02	0.099	0.121	0.087	49.83
13	21.08	0.298	35.21	0.191	27.52	14.24	11.96	9.01	0.102	0.116	0.078	50.52
14	21.00	0.294	35.78	0.190	27.02	14.17	12.01	9.60	0.094	0.115	0.076	42.08
15	20.22	0.233	37.52	0.151	30.14	12.51	13.62	11.39	0.090	0.104	0.060	39.26
16	15.77	0.204	34.76	0.084	—	15.77	9.23	9.76	0.107	0.063	0.066	33.33

注：T_{max}，最大灌浆速率出现时间；V_{max}，最大灌浆速率；T，灌浆持续期；$\overline{V}$，平均灌浆速率；D，活跃生长期；T_1、T_2、T_3和R_1、R_2、R_3，分别为各阶段灌浆持续期和灌浆速率；GW，最终千粒重。下表同。

这与吴少辉等[9]的研究结果一致。用t测验分析不同处理灌浆特征参数间的差异显著性，结果表明（表3-3），不同水分调亏处理间最大灌浆速率（V_{max}）及其出现时间（T_{max}）、平均灌浆速率（$\overline{V}$）、灌浆持续期（T）、活跃生长期（D）和3个灌浆阶段灌浆持续期（T_1、T_2、T_3），以及最终样品的千粒重等特征参数差异显著。其中，越冬期轻度调亏（处理5）具有最高的平均灌浆速率$\overline{V}$［0.234g/（100粒·d）］、最高的最大灌浆速率V_{max}［0.369g/（100粒·d）］、最高的第三阶段（慢增期）灌浆速率R_3［0.099g/（100粒·d）］和最高的千粒重GW（58.46g）。

说明小麦生育前期适度的水分调亏可以提高小麦的灌浆强度和粒重，过度水分调亏则会使小麦灌浆的高峰期提早，高峰值下降。水分调亏度的大小对平均灌浆速率和最大灌浆持续期的影响尤为明显，这与李志贤等的研究结果有所不同[10]。

3.2.2.4 RDI条件下小麦灌浆参数变化趋势

RDI条件下小麦灌浆参数和阶段灌浆参数变化如表3-4所示。利用平均数表示参数的集中趋势，标准差表示离散程度，变异系数表示稳定性。由表3-4可以看出，在RDI条件下，渐增期灌浆速率R_1和持续时间t_1、缓增期灌浆速率R_3和持续时间t_3，以及快增期灌浆持续时间t_2变异系数较大，尤其是缓增期灌浆持续时间t_3变异系数最大，其他参数变异系数较小，其中，最大灌浆速率出现时间T_{max}和活跃生长期D变异系数最小。变异系数大说明在灌浆过程中易受环境的影响而波动，这与河南省的气候特点是相符的，在小麦灌浆后期往往遭受干热风、干旱等不利因素影响。

表3-4　RDI条件下小麦灌浆参数变化

灌浆参数	变幅	平均数	标准差	变异系数CV（%）
T_{max}	16.52 ~ 23.16	20.45	1.46	7.13
V_{max}	0.23 ~ 0.37	0.30	0.03	9.80
T	31.66 ~ 41.43	36.37	3.02	8.31
$\overline{V}$	0.15 ~ 0.23	0.19	0.02	9.07
D	22.97 ~ 30.14	26.46	2.08	7.86
t_1	9.17 ~ 16.89	13.59	1.79	13.16
t_2	9.59 ~ 13.64	11.94	1.38	11.58
t_3	6.05 ~ 17.99	10.40	3.07	29.49

（续表）

灌浆参数	变幅	平均数	标准差	变异系数CV（%）
R_1	0.07 ~ 0.10	0.09	0.01	10.75
R_2	0.10 ~ 0.15	0.12	0.01	8.58
R_3	0.06 ~ 0.10	0.08	0.01	11.70
GW	33.33 ~ 58.46	47.92	4.38	9.13

3.2.2.5　RDI条件下小麦籽粒灌浆参数与粒重的相关分析

用相关分析、逐步回归分析灌浆参数与粒重的关系。结果表明，多数参数间存在着显著或极显著的相关性（表3-5）。其中与粒重有显著或极显著相关关系的参数有最大灌浆速率V_{max}、平均灌浆速率$\overline{V}$、活跃生长期D和第三阶段灌浆速率R_3，这与刘丰明[11, 12]等人的研究结果不尽一致，但与吴少辉[9, 13]等人的研究结果基本相同。

3.2.3　RDI对作物光合产物积累与分配的影响

3.2.3.1　RDI对冬小麦光合产物积累与分配的影响

不同时期和不同程度的水分调亏处理，生物产量大多比对照（CK）低（图3-5），下降幅度为5.10%～51.65%，其中以拔节—抽穗和抽穗—成熟阶段的中（M）、重（S）度调亏下降幅度最大，经LSD检验，与CK差异达极显著水平。这是因为这两个阶段为营养生长和生殖生长旺盛阶段，水分调亏使营养生长和生殖生长均受到强烈抑制。但三叶—越冬阶段的重度调亏（S）生物产量高于对照（CK），越冬—返青阶段的中（M）、重度调亏（S）生物产量与对照（CK）无差异。这可能因为早期水分调亏复水后，小麦光合产物具有补偿或超补偿积累，因而营养生长和生殖生长具有补偿或超补偿效应，补偿了水分调亏阶段生物产量的损失，这一结果尚有待于进一步试验验证。籽粒重三叶—越冬和越冬—返青轻（L）、中（M）、重（S）度调亏均高于对照（CK），但经LSD检验差异达不到显著水平；返青—拔节各调亏处理均接近对照（CK），拔节后的各调亏处理均低于对照（CK），差异均达极显著水平。这又说明水分调亏生物产量的下降对营养器官干物质下降起主导作用，水分调亏有利于小麦植株光合产物向籽粒运转和分配，其中以返青前的调亏优势最为明显。

表3–5　不同水分调亏处理小麦籽粒灌浆特征参数及千粒重相关分析

项目	T_{max}	V_{max}	T	$\overline{V}$	D	T_1	T_2	T_3	R_1	R_2	R_3	GW
T_{max}	1											
V_{max}	0.327	1										
T	−0.288	−0.578*	1									
$\overline{V}$	0.226	0.985**	−0.453	1								
D	−0.136	−0.895**	0.763**	−0.860**	1							
T_1	0.927**	0.598*	−0.582*	0.484	−0.487	1						
T_2	−0.373	−0.814*	0.922**	−0.718**	0.922**	−0.693*	1					
T_3	−0.657*	−0.551*	0.909**	−0.405	0.619*	−0.845**	0.861**	1				
R_1	0.397	0.320	−0.838**	0.177	−0.367	0.549*	−0.653*	−0.851**	1			
R_2	−0.717**	0.035	0.536*	0.195	0.076	−0.706**	0.412	0.754**	−0.601*	1		
R_3	0.464	0.971**	−0.713**	0.916**	−0.895**	0.734**	−0.903**	−0.723**	0.495	−0.192	1	
GW	0.182	0.743**	−0.231	0.758**	−0.529*	0.339	−0.451	−0.223	0.174	0.234	0.694*	1

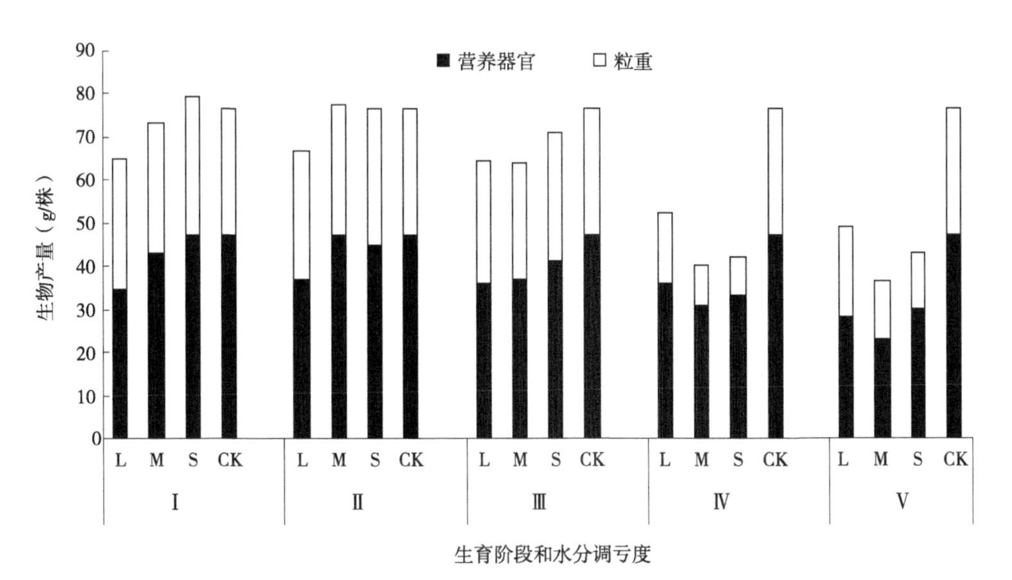

图3-5　水分调亏下冬小麦光合产物积累与分配

3.2.3.2　RDI对夏玉米光合产物积累与分配的影响

不同时期和不同程度的水分调亏下，多数处理的生物产量（光合产物总量）是下降的（图3-6），下降幅度为3.31%～42.89%，其中以拔节—抽穗阶段的中（M）、重（S）度调亏下降幅度最大，经LSD检验，与CK差异达极显著水平，这是因为此期为营养生长旺盛阶段，水分调亏抑制了营养体生长。其次是抽穗—灌浆和灌浆—成熟阶段的调亏，与CK差异达显著水平，主要是籽粒产量降低所致。然而，三叶—拔节阶段的中（M）、重（S）度调亏生物产量分别比对照高13.65%和21.20%，差异达显著水平；拔节—抽穗的轻度调亏（L）接近对照（CK），这也说明适时适度的水分调亏复水后，玉米光合产物具有补偿或超补偿积累。籽粒重是三叶—拔节轻（L）、中（M）、重（S）度调亏高于对照（CK），其中，中（M）、重（S）度调亏与CK差异达显著水平，轻度调亏（L）与CK差异不显著；拔节—抽穗的轻度调亏（L）高于对照（CK），差异达显著水平；其余处理有不同程度下降，但大多不显著，这说明水分调亏生物产量的下降是营养器官干物重下降起主导作用。经测定计算，水分调亏处理的经济系数大多高于对照。显然，水分调亏有利于光合产物向籽粒的运转与分配，其中以三叶—拔节的轻（L）、中（M）、重（S）度调亏，拔节—抽穗的轻度调亏（L）优势最为明显。

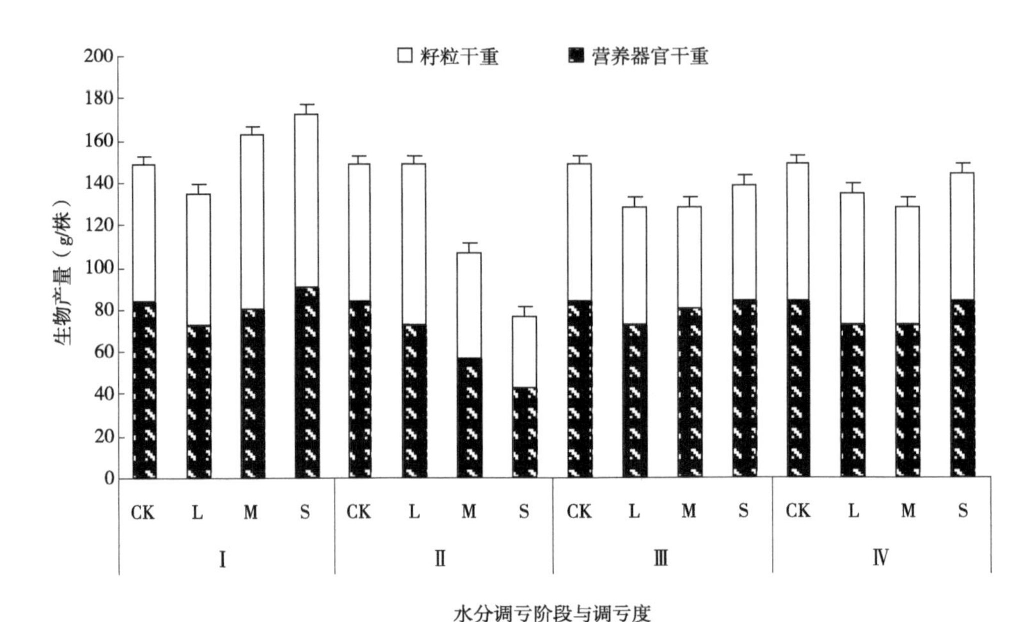

图3-6　RDI下夏玉米光合产物积累与分配

3.2.3.3　RDI对棉花光合产物积累与分配的影响

不同生育阶段和不同程度的水分调亏下，生物产量大多比对照（CK）低（图3-7），下降幅度为0.23%～29.28%，其中以花铃期各调亏处理下降幅度最大，与CK差异均达极显著水平；蕾期的中（M）、重（S）度调亏次之。这是因为这两个阶段为营养生长和生殖生长旺盛阶段，水分调亏使营养生长和生殖生长均受到强烈抑制。但苗期各调亏处理生物产量与对照（CK）无显著差异，蕾期轻度调亏（L）生物产量略高于对照（CK）。这也说明适时适度的水分调亏复水后，棉花光合产物具有补偿或超补偿积累。籽棉重苗期轻（L）、中（M）度调亏均显著高于对照（CK），重度调亏（S）与对照（CK）无显著差异；蕾期轻度调亏（L）略高于对照（CK），中度调亏（M）略低于对照（CK），重度调亏（S）显著低于对照（CK）；花铃期各调亏处理均显著低于对照（CK）；吐絮期中度调亏（M）高于对照（CK），轻度调亏（L）低于对照（CK），但差异均不显著；重度调亏（S）显著低于对照（CK）。这又说明，适时适度的水分调亏有利于棉花植株光合产物向棉铃运转和分配，其中以苗期轻度调亏（L）优势最为明显。

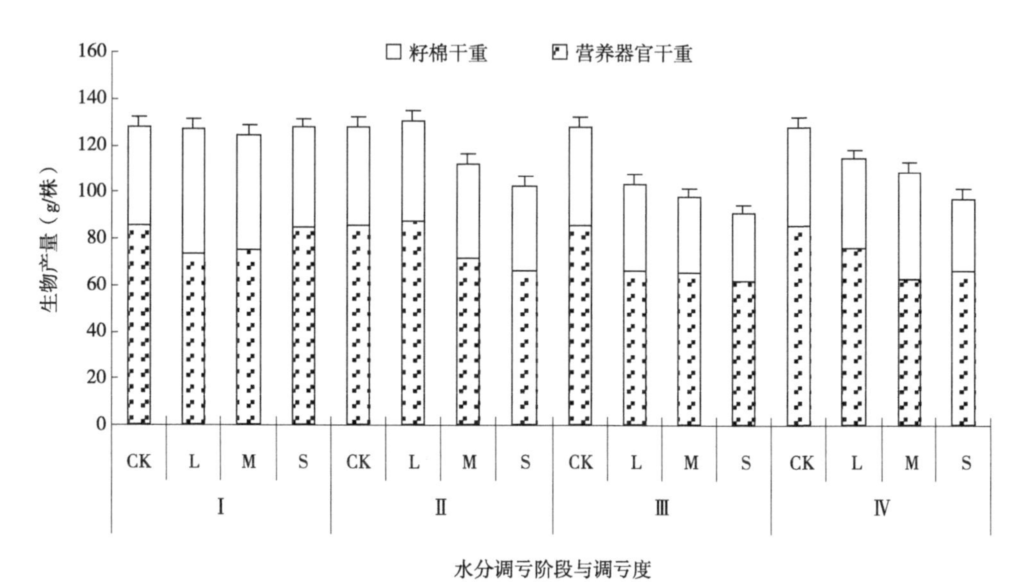

图3-7　RDI下棉花光合产物积累与分配

3.3　小结与讨论

（1）许多学者研究表明作物通过产生补偿效应来应对环境的变化。段留生等[6]在对小麦的研究中发现，水分胁迫时，小麦植株从水分吸收、运输、散失和利用的各环节，在形态结构、生理代谢和水分运转等方面均发生适应性调节，水在小麦根叶中的分配，初生根、穗下节维管束特征，根系活力、叶片物质输出等均发生显著变化，最终表现为提高其单株水分利用效率。但对于何时进行水分调控（亏水），以充分利用补偿效应则结果不尽一致。陈晓远等[14]认为前期干旱可增强作物后期的抗旱能力，植株通过补偿生长而部分地弥补前期干旱所减少的生长量。小麦在拔节期复水的补偿作用最大，开花期次之，分蘖期最小。而赵丽英等[15]则认为小麦在孕穗—灌浆初期的一段时间对产量形成起重要作用，干旱将大大降低产量。在灌浆初期—成熟期间进行适当的干旱，可促进灌浆过程，灌浆速率加快，作物体内物质运输不下降，经济产量增加。本研究结果表明，冬小麦越冬—返青期水分调亏（返青初期复水），或拔节—抽穗期水分调亏（抽穗初期复水），水分调亏度为50%～65%FC，复水后光合速率补偿效应明显；返青—拔节期水分调亏（拔节初期复水）则对光合速率无不利影响；抽穗—灌浆期水分调亏（灌浆末期复水）光合速率受到最强烈抑制，复水后补偿效应又较弱，补偿时间也有限，这与上述文献结果不尽一致。这可能有试验条件的不同，也有试验的区域性差异。

（2）本研究结果表明，在各水分调亏处理下冬小麦籽粒灌浆过程均呈“S”形曲线变化趋势，并可用Richards方程对其拟合。但不同水分调亏处理对灌浆特征参数有不同影响。其中，越冬期轻度调亏具有最高的平均灌浆速率$\overline{V}$［0.234g/（100粒·d）］、最高的最大灌浆速率V_{max}［0.369g/（100粒·d）］、最高的第三阶段（慢增期）灌浆速率R_3［0.099g/（100粒·d）］和最高的千粒重GW（58.46g）。表明冬小麦生育前期适度的水分调亏对后期生殖生长有利，可以提高小麦的灌浆强度和粒重，过度水分调亏则会使小麦灌浆的高峰期提早，高峰值下降；水分调亏度的大小对平均灌浆速率和最大灌浆持续期的影响尤为明显。研究结果还表明，多数灌浆特征参数间存在着显著或极显著的相关性，其中与粒重有显著或极显著相关关系的参数有最大灌浆速率V_{max}、平均灌浆速率 $\overline{V}$、活跃生长期D和第三阶段灌浆速率R_3，这与刘丰明[11，12]等人的研究结果不尽一致，但与吴少辉[9，13]等人的研究结果基本相同。

（3）夏玉米以拔节前轻（60%～65%FC）或中（50%～55%FC）度调亏和拔节—抽穗阶段的轻度调亏（60%～65%FC）复水后有利于光合产物向籽粒运转与分配。棉花在苗期实施轻（60%～65%FC）或中（50%～55%FC）度水分调亏，或吐絮期实施中度（50%～55%FC）水分调亏，复水后有利于光合产物向籽棉的运转与分配，这与裴冬等[16]的结论基本一致。

（4）在水分胁迫处理期间光合产物如何进行分配的问题上，多数学者都认为由于根系优先获得了水分，因此植株的生长中心随之转移到了根系，同化物也优先分配给了地下部[17]。而在何时恢复供水更有利于生殖生长的问题上，研究者们的看法则不尽相同。王俊儒等[18]认为小麦拔节期是生物学产量的水分高效补偿期，是经济学产量的补偿有效期；而蔺海明等[19]则认为小麦孕穗期复水的补偿效应对经济产量更为有利。在水分调控时期的选择上，多数学者倾向于前期处理，认为早期阶段植株较小，而且气温也较低，蒸腾蒸发强度小，需水强度也小，也就是说作物缺水程度的发展速度比较慢，较慢的水分亏缺发展速度对作物产量的影响较小[20-22]。本研究结果表明，适时适度的水分调亏有利于光合产物向籽粒或棉铃运转与分配，提高经济产量。冬小麦以返青前的调亏优势最为明显；夏玉米以三叶—拔节的轻或中度调亏，拔节—抽穗的轻度调亏优势最为明显；棉花以苗期轻度调亏优势最为明显。

参考文献

［1］ 石岩，等. 土壤水分胁迫对冬小麦光合及产量的影响[J]. 华北农学报，1996，11（4）：80-85.

［2］ 吴海卿，段爱旺，杨传福. 冬小麦对不同土壤水分的生理和形态响应[J]. 华北农学报，2000，15（1）：92-96.

［3］ 杨贵羽，罗远培，李保国. 不同土壤水分处理对冬小麦根冠生长的影响[J]. 干旱地区农业研究，2003，21（3）：104-109.

［4］ 刘祖贵，陈金平，段爱旺，等. 不同土壤水分处理对夏玉米叶片光合等生理特性的影响[J]. 干旱地区农业研究，2006，24（1）：90-95.

［5］ 马富裕，李蒙春，杨建荣，等. 花铃期不同时段水分亏缺对棉花群体光合速率及水分利用效率影响的研究[J]. 中国农业科学，2002，35（12）：1467-1472.

［6］ 段留生，关彩虹，何钟佩，等. 开花后水分亏缺对小麦生理影响与化学调控的补偿效应[J]. 中国生态农业学报，2003，11（4）：114-117.

［7］ 李科江，张西科，刘文菊，等. 不同栽培措施下冬小麦灌浆模拟研究[J]. 华北农学报，2001，16（2）：70-74.

［8］ 刘晓英，罗远培. 水分胁迫对冬小麦生长后效影响的模拟研究[J]. 农业工程学报，2003，19（4）：28-31.

［9］ 吴少辉，高海涛. 干旱对冬小麦粒重形成的影响及灌浆特性分析[J]. 干旱地区农业研究，2002，2（20）：49-51.

［10］ 李志贤，柴守玺，齐伟宏. 不同灌溉处理下冬小麦籽粒灌浆特性的研究[J]. 甘肃农业大学学报，2007（1）：35-40.

［11］ 刘丰明，陈明灿，郭香风. 高产小麦籽粒形成的灌浆特性分析[J]. 麦类作物，1997，17（6）：38-41.

［12］ TRAITS TALBERT L E，LANNING S P，MURPHY R L，et al. Grain fill duration in twelve hard red spring wheat crosses：Genetic variation and association with other agronomic[J]. Crop Sci，2001，41：1390-1395.

［13］ GEBEYEHOU G，KOTT D R，BAKER R J. Ratead duration of grain filling in durum wheat cultivars[J]. Crop Sci，1982，22：337-340.

[14] 陈晓远，罗远培. 土壤水分变动对冬小麦生长动态的影响[J]. 中国农业科学，2001，34（4）：403-409.

[15] 赵丽英，邓西平，山仑. 开花前后变水条件对春小麦的补偿效应[J]. 应用与环境生物学报，2002，8（5）：478-481.

[16] 裴冬，张喜英. 调亏灌溉对棉花生长、生理及产量的影响[J]. 中国生态农业学报，2000，8（4）：52-55.

[17] 慕自新，梁宗锁，张岁岐. 土壤干湿交替下作物补偿生长的生理基础及其在农业中的应用[J]. 植物生理学通讯，2002，38（5）：511-515.

[18] 王俊儒，李生秀. 不同生育时期水分有限亏缺对冬小麦产量及其构成因素的影响[J]. 西北植物学报，2000，20（2）：193-200.

[19] 蔺海明，牛俊义，秦舒浩. 陇中半干旱区小麦和玉米补灌效应研究[J]. 干旱地区农业研究，2001，19（4）：80-86.

[20] 康绍忠，史文娟，胡笑涛，等. 调亏灌溉对于玉米生理指标及水分利用效率的影响[J]. 农业工程学报，1998（4）：82-87.

[21] 刘安能，孟兆江. 玉米调亏灌溉效应及其优化农艺措施[J]. 农业工程学报，1999，15（3）：107-112.

[22] 蔡焕杰，康绍忠，张振华，等. 作物调亏灌溉的适宜时间与调亏程度的研究[J]. 农业工程学报，2000，16（3）：24-27.

4 调亏灌溉对作物经济产量和水分利用的影响

传统的灌溉目标主要是向作物提供适宜水分以获得高额的单位面积产量。随着水资源的日益紧缺、灌溉费用的增加，使人们不得不从根本上探讨水资源的合理利用方式，着力提高水的有效利用率。这就要求灌溉不仅要使作物高产，而且要获得最优的经济效益。当水量有限时，便会产生灌溉水量在作物不同生育阶段或在不同作物间如何分配以获得最佳灌溉效益的问题。调亏灌溉理论是以作物的生理和生化知识为基础，根据作物的遗传学和生态学特征，在某一生长阶段人为主动地施加一定程度的水分胁迫，以改变植物内部的生理、生化过程，调节光合同化物在不同器官之间的分配，减少营养器官冗余生长，增加生殖生长，达到提高水分利用效率和提高经济产量的目的[1]。调亏灌溉对经济产量和水分利用影响研究首先是在果树上进行的[2]，并取得良好效果，很快成为国际园艺领域研究热点。关于调亏灌溉对大田粮食与经济作物产量与水分利用影响的研究尚处于起步阶段。本研究分别以冬小麦、夏玉米和棉花为材料，采用盆栽试验，探讨了调亏灌溉条件下作物需水规律和水分生产效率，并对其生理机制作了初步分析，以期对调亏灌溉的研究和应用有所裨益。

4.1 材料与方法

4.1.1 供试材料

2004年10月至2005年6月和2005年10月至2006年6月，以冬小麦（*Triticum aestivum* L.）为试验材料，品种为93中6，由中国农业科学院棉花研究所小麦育种栽培研究室选育与提供；2007年10月至2008年6月，冬小麦试验品种为郑麦98，由河南省农业科学院小麦研究所提供。

2004年6—9月和2005年6—9月以夏玉米（*Zea mays* L.）为试验材料，选用品种为郑单14，由河南省农业科学院玉米研究所培育与提供。

2005年6—10月和2006年6—10月以棉花（*Gossypium hirsutum* L.）为试验材料，选用品种为美棉99B，由中国农业科学院棉花研究所提供。

4.1.2 试验方法

4.1.2.1 冬小麦试验

2004年10月至2005年6月和2005年10月至2006年6月，冬小麦试验在中国农业科学院农田灌溉研究所商丘实验站移动式防雨棚下进行。采用盆栽土培法，盆为圆柱形，分母盆和子盆，母盆内径31.0cm，高38cm，埋入土中，上沿高出地面5.0cm；子盆内径29.5cm，高38cm。子盆底部铺5cm厚的沙过滤层，以调节下层土壤通气状况和水分条件。为防止土壤表面水分过量蒸发和土壤板结，子盆两侧各置放直径3cm的细管用于供水（细管周围有小孔，用密质纱网包裹以防堵塞）。取大田0～20cm表土，过筛装盆，每子盆装土壤干重28kg，土质为中壤土，基础养分含量为有机质9.3g/kg，全氮0.98g/kg，碱解氮44.02mg/kg，速效磷6.2mg/kg，速效钾112mg/kg；土壤容重1.34g/cm^3，田间持水量26%；每盆混入200g优质农家肥，全生育期每盆放N 5.6g，P_2O_5 2.8g，K_2O 4.2g，其中N 1/2基施，1/2追施。精选种子，于10月16日浸后播种，每盆30粒，出苗后至三叶期定苗，每盆留苗23株，并开始水分处理。采用二因素随机区组设计，冬小麦设置5个水分调亏阶段：三叶—越冬（Ⅰ），越冬—返青（Ⅱ），返青—拔节（Ⅲ），拔节—抽穗（Ⅳ），抽穗—成熟（Ⅴ）；每个调亏阶段设置3个水分调亏程度：轻度调亏（L），中度调亏（M）和重度调亏（S），土壤相对含水量（占田间持水量的百分数）分别为60%～65%FC（Field Capacity），50%～55%FC和40%～45%FC；设对照（CK）1个，相对含水量为75%～85%FC；共5×4＝20个处理组合，每个处理重复9次，其中6次用于取样分析，3次用于收获计产。调亏阶段灌水按处理设计水平（低于下限灌至上限），分别在各生育阶段（水分调亏阶段）结束时复水，即按对照水平（75%～85%FC）控制水分。三叶期开始水分处理，用电子台秤称重法测定土壤含水量，用水量平衡法确定蒸发蒸腾量，每天或隔天称重，当各盆土壤水分低于设计标准时用量杯加水，记录各盆每次加水量，由水量平衡方程计算各时

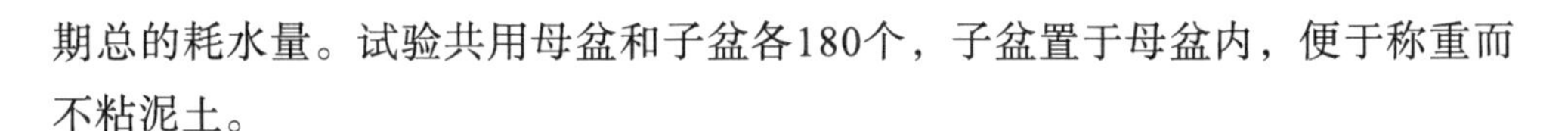

期总的耗水量。试验共用母盆和子盆各180个，子盆置于母盆内，便于称重而不粘泥土。

2007年10月至2008年6月冬小麦试验在中国农业科学院农田灌溉研究所作物需水量试验场大型启闭式防雨棚下进行。该试验场位于河南省新乡市东北郊，东经113°53′、北纬35°19′，属典型的暖温带半湿润半干旱地区。采用盆栽土培法，盆为圆柱形，分母盆和子盆，母盆内径31.0cm，高38cm，埋入土中，上沿高出地面5.0cm；子盆内径29.5cm，高38cm。子盆底部铺5cm厚的沙过滤层，以调节下层土壤通气状况和水分条件。为防止土壤表面水分过量蒸发和土壤板结，子盆两侧各置放直径3cm的细管用于供水（细管周围有小孔，用密质纱网包裹以防堵塞）。取大田0～20cm表土，过筛装盆，每子盆装干土重26kg，土壤质地为轻沙壤土，基础养分含量为有机质18.85g/kg，全氮1.10g/kg，全磷2.22g/kg，碱解氮15.61mg/kg，速效磷72.00mg/kg，速效钾101mg/kg；土壤容重为1.25g/cm^3，田间持水量为24%（重量含水率）。每盆混入200g优质农家肥，全生育期每盆放N 5.6g，P_2O_5 2.8g，K_2O 4.2g，其中N 1/2基施，1/2追施。精选种子，于10月16日浸后播种，每盆30粒，出苗后至三叶期定苗，每盆留苗23株，并开始水分处理。采用二因素随机区组设计，冬小麦设置5个水分调亏阶段：三叶—越冬（Ⅰ），越冬—返青（Ⅱ），返青—拔节（Ⅲ），拔节—抽穗（Ⅳ），抽穗—成熟（Ⅴ）；每个调亏阶段设置3个水分调亏程度：轻度调亏（L），中度调亏（M）和重度调亏（S），土壤相对含水量（占田间持水量的百分数）分别为60%～65%FC（Field Capacity），50%～55%FC和40%～45%FC；设对照（CK）1个，土壤相对含水量为75%～85%FC；共5×4＝20个处理组合，每个处理重复9次，其中6次用于取样分析，3次用于收获计产。调亏阶段灌水按处理设计水平（低于下限灌至上限），在各生育阶段（水分调亏阶段）结束时复水，即按对照水平（75%～85%FC）控制水分。三叶期开始水分处理，用电子台秤称重法测定土壤含水量，用水量平衡法确定蒸发蒸腾量，每天或隔天称重，当各盆土壤水分低于设计标准时用量杯加水，记录各盆每次加水量，由水量平衡方程计算各时期总的耗水量。试验共用母盆和子盆各180个，子盆置于母盆内，便于称重而不粘泥土。

4.1.2.2 夏玉米试验

2004年6—9月和2005年6—9月夏玉米试验在中国农业科学院农田灌溉研究所商丘实验站移动式防雨棚下进行。该站位于河南省商丘市西北郊，北纬34°35′、东经115°34′。采用盆栽土培法，盆为圆柱形，分母盆和子盆，母盆内径31.0cm，高38cm，埋入土中，上沿高出地面5.0cm；子盆内径29.5cm，高38cm。子盆底部铺5cm厚的沙过滤层，以调节下层土壤通气状况和水分条件。为防止土壤表面水分过量蒸发和土壤板结，子盆两侧各置放直径3cm的细管用于供水（细管周围有小孔，用密质纱网包裹以防堵塞）。取大田0～20cm表土，过筛装盆，每子盆装干土重28kg，土壤质地为壤土，基础养分含量为有机质9.3g/kg，全氮0.98g/kg，碱解氮44.02mg/kg，速效磷6.2mg/kg，速效钾112mg/kg；土壤容重为1.34g/cm^3，田间持水量为26%。每盆混入200g优质农家肥，全生育期每盆放N 3.0g，P_2O_5 0.85g，K_2O 1.2g，其中N 1/2拔节追施，1/2孕穗追施。精选种子，于6月14日浸后播种，每盆5粒，出苗后至三叶一心期定苗，每盆1株，并开始水分处理。玉米设置4个水分调亏阶段：三叶—拔节（Ⅰ），拔节—抽穗（Ⅱ），抽穗—灌浆（Ⅲ），灌浆—成熟（Ⅳ）；每个调亏阶段设置3个水分调亏程度：轻度调亏（L），中度调亏（M）和重度调亏（S），土壤相对含水量（占田间持水量的百分率）分别为60%～65%FC，50%～55%FC，40%～45%FC；共4×3＝12个处理组合，重复5次；设对照（相对含水量75%～80%FC）5盆；水分调亏阶段灌水按处理设计水平（低于下限灌至上限），在各生育阶段（水分调亏阶段）结束时复水，即按对照水平（75%～85%FC）控制水分。三叶期开始水分处理，用电子台秤称重法测定土壤含水量，用水量平衡法确定蒸发蒸腾量，每天或隔天称重，当各盆土壤水分低于设计标准时用量杯加水，记录各盆每次加水量，由水量平衡方程计算各时期总的耗水量。试验共用母盆和子盆各65个，子盆置于母盆内，便于称重而不粘泥土。玉米排列行距60cm，株距31cm，群体密度53 763株/hm^2。2008年6—9月夏玉米试验在中国农业科学院农田灌溉研究所作物需水量试验场大型启闭式防雨棚下进行，试验方法同2004年6—9月和2005年6—9月夏玉米试验。

4.1.2.3 棉花试验

2005年6—10月和2006年6—10月棉花试验在中国农业科学院农田灌溉研究所商丘实验站移动式防雨棚下进行。该站位于河南省商丘市西北郊，北纬

34°35′、东经115°34′。采用盆栽土培法，盆为圆柱形，分母盆和子盆，母盆内径31.0cm，高38cm，埋入土中，上沿高出地面5.0cm；子盆内径29.5cm，高38cm。子盆底部铺5cm厚的沙过滤层，以调节下层土壤通气状况和水分条件。为防止土壤表面水分过量蒸发和土壤板结，子盆两侧各置放直径3cm的细管用于供水（细管周围有小孔，用密质纱网包裹以防堵塞）。取大田0～20cm表土，过筛装盆，每子盆装干土重28kg，土壤质地为壤土，基础养分含量为有机质9.3g/kg，全氮0.98g/kg，碱解氮44.02mg/kg，速效磷6.2mg/kg，速效钾112mg/kg；土壤容重为1.34g/cm^3，田间持水量为26%；每盆混入200g优质农家肥，全生育期每盆放N 5.6g，P_2O_5 2.8g，K_2O 4.2g，其中N 1/2基施，1/2追施。精选种子，浸后播种，营养钵育苗，每钵3粒。当棉苗长至5片真叶时由苗床移植至盆中，每盆2株，缓苗后每盆留苗1株，并开始水分处理。采用二因素随机区组设计，棉花设置4个水分调亏阶段：苗期（Ⅰ），蕾期（Ⅱ），花期（Ⅲ），吐絮期（Ⅳ）；每个水分调亏阶段设置3个水分调亏程度：轻度调亏（L），中度调亏（M）和重度调亏（S），土壤相对含水量（占田间持水量的百分数）分别为60%～65%FC，50%～55%FC和40%～45%FC；共4×3=12个处理组合，重复4次；另设全生育期保持适宜土壤水分处理4盆作为对照（CK），土壤相对含水量分别为60%～65%FC（苗期），60%～65%FC（蕾期），70%～75%FC（花铃期）和60%～65%FC（吐絮期）；调亏阶段灌水按处理设计水平（低于下限灌至上限），在各生育阶段（水分调亏阶段）结束时复水，即按对照水平控制水分。缓苗后开始水分处理，用电子台秤称重法测定土壤含水量，用水量平衡法确定蒸发蒸腾量，每天或隔天称重，当各盆土壤水分低于设计标准时用量杯加水，记录各盆每次加水量，由水量平衡方程计算各时期总的耗水量。试验共用母盆和子盆各52个，子盆放置于母盆内，便于称重而不粘泥土。棉花排列行距60cm，株距31cm，群体密度53 763株/hm^2。2008年6—10月棉花试验在中国农业科学院农田灌溉研究所作物需水量试验场大型启闭式防雨棚下进行，试验方法同2005年6—10月和2006年6—10月棉花试验。

4.1.3　测定项目

4.1.3.1　蒸腾速率的测定

叶片蒸腾速率（T_r）采用英国PP system公司生产的CIRAS-1便携式光合系统测定，环境CO_2浓度由CO_2小钢瓶控制在360mg/kg，光强由系统自带的人工光源

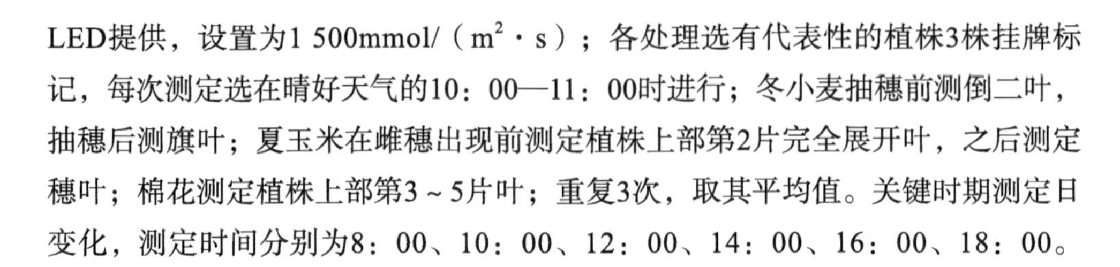
LED提供，设置为1 500mmol/（$m^2 \cdot s$）；各处理选有代表性的植株3株挂牌标记，每次测定选在晴好天气的10：00—11：00时进行；冬小麦抽穗前测倒二叶，抽穗后测旗叶；夏玉米在雌穗出现前测定植株上部第2片完全展开叶，之后测定穗叶；棉花测定植株上部第3～5片叶；重复3次，取其平均值。关键时期测定日变化，测定时间分别为8：00、10：00、12：00、14：00、16：00、18：00。

4.1.3.2　耗水量的测定与计算

用电子台秤称重法测定土壤含水量，用水量平衡法确定蒸发蒸腾量，每天或隔天称重，当各盆土壤水分低于设计标准时用量杯加水，记录各盆每次加水量，由水量平衡方程计算各时期总的耗水量。

4.1.3.3　经济产量的测定

小麦、玉米成熟后各处理测产收割取样分3次重复进行，单收单脱，计算籽粒产量；棉花根据棉铃吐絮情况分次采收，记录每次采收籽棉重量。

4.1.3.4　水分利用效率的测定

作物水分利用效率分为叶片水平的水分利用效率、群体水平的水分利用效率和产量水平的水分利用效率3个层次[3-8]。其中，产量水平的水分利用效率（Water Use Efficiency，WUE）是目前研究最多的一个层次，本研究采用这一层次的水分利用效率，即冬小麦、夏玉米的水分利用效率以单位耗水生产的籽粒重表示，棉花以单位耗水量生产的籽棉重表示。

4.1.3.5　蒸散量的测定与计算

用电子台秤称重法测定土壤含水量，用水量平衡法确定蒸发蒸腾量。

4.2　结果与分析

4.2.1　RDI对冬小麦经济产量和水分利用的影响

4.2.1.1　RDI对冬小麦蒸腾速率的影响

蒸腾是作物的重要生理活动之一，它既促进作物体内的水分传输与物质输送，维持一定的体温，又保证作物进行光合作用的需要，对作物的生理活动极为重要，是形成作物产量和经济产量的基础。

返青期RDI对冬小麦蒸腾速率的影响情况比较复杂（图4-1）。从图4-1A（测定日期：2008-03-25）中可见，各处理蒸腾速率日变化过程均呈“双峰曲线”，不同时段内蒸腾速率对土壤水分状况的响应有所不同，即存在“时段性差异”。在8：00—10：00，各水分调亏处理的蒸腾速率均高于CK；在10：00—12：00轻度调亏（L）明显高于CK，中（M）、重（S）度调亏与CK差异不显著；在12：00—14：00轻度调亏（L）明显高于CK，中度调亏（M）明显低于CK，重度调亏（S）与CK差异不显著；在14：00—16：00，重度调亏（S）高于CK，中度调亏（M）仍低于CK，轻度调亏（L）与CK差异不显著；在16：00—18：00各调亏处理均低于CK。这可能是此阶段气象因子（太阳辐射、气温、相对湿度、风速等）变化较活跃，蒸腾速率除主要受土壤水分状况影响外，同时还受气象因子的影响。但对各处理一天中的平均蒸腾速率进行Duncan新复极差测验表明，各处理间差异均不显著。表明在本试验条件下返青期水分调亏期间对作物水分蒸腾散失过程没有产生显著影响。

从图4-1B（测定日期：2008-04-16）看到，返青期水分调亏复水后（20d），各水分调亏处理的蒸腾速率日变化趋势与CK接近，但蒸腾速率也像光合速率一样存在时段性差异。在8：00—12：00，各调亏处理的蒸腾速率与CK变化趋势相似，但均低于CK；在12：00—16：00，各调亏处理的蒸腾速率均明显高于CK；16：00以后各处理变化趋势相似，差异不显著。但对各处理一天中的平均蒸腾速率进行Duncan新复极差测验表明，各处理间差异也均不显著。

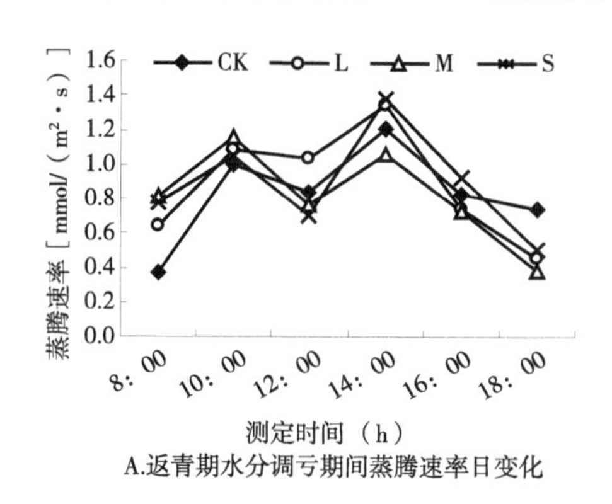

A.返青期水分调亏期间蒸腾速率日变化

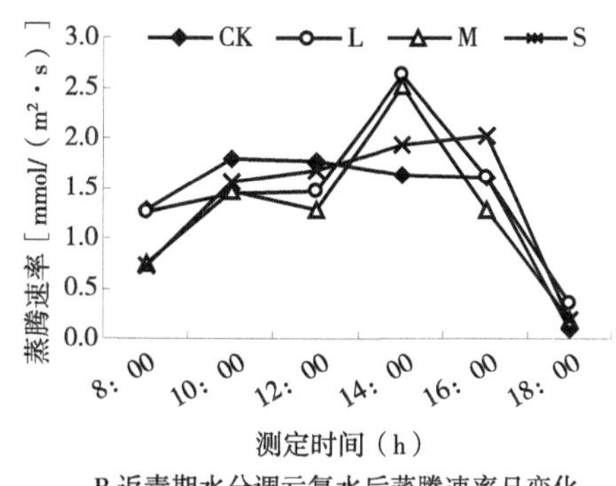

B.返青期水分调亏复水后蒸腾速率日变化

图4-1 返青期RDI对冬小麦蒸腾速率的影响

图4-2所示是拔节期RDI对冬小麦蒸腾速率的影响情况。从图4-2A（测定日期：2008-04-16）可见，在水分调亏期间各调亏处理的蒸腾速率均低于CK，

而且随水分调亏度加重蒸腾速率降低幅度增大；经Duncan新复极差测验，各处理间差异也有时段性。在8：00—14：00，轻度调亏（L）比CK下降不显著，中度调亏（M）比CK下降达显著水平，而重度调亏（S）比CK及轻、中度调亏下降达极显著水平；在14：00—16：00，轻度调亏和CK间差异增大，但仍不达显著水平，中度调亏和CK间差异显著，重度调亏和CK间差异极显著；在16：00—18：00，轻、中度调亏处理与CK间差异均不显著，重度调亏与CK间差异达显著水平。在一天中的平均蒸腾速率，轻度调亏与CK相比降低不显著，中度调亏与CK相比降低达显著水平，重度调亏降低达极显著水平（$P<0.01$）。

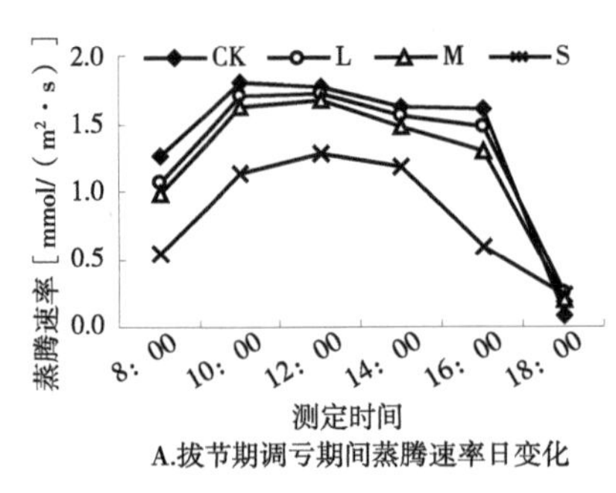

A.拔节期调亏期间蒸腾速率日变化

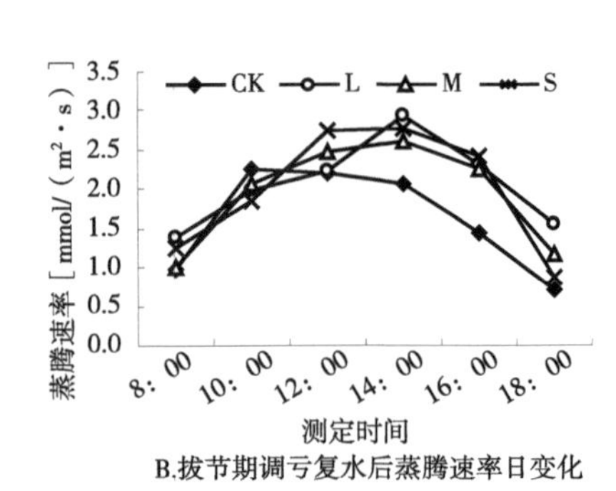

B.拔节期调亏复水后蒸腾速率日变化

图4-2 拔节期RDI对冬小麦蒸腾速率的影响

图4-2B（测定日期：2008-04-24）可见，拔节期调亏复水后（8d）蒸腾速率补偿效应较明显。经Duncan新复极差测验，在8：00—12：00，各调亏处理与CK差异不显著；在12：00—18：00，轻、重度调亏处理比CK高达极显著水平，中度调亏比CK高达显著水平；一天中的平均蒸腾速率，各调亏处理间差异不显著，其中，轻、重度调亏处理比CK高达显著水平。

图4-3所示是抽穗期RDI对冬小麦蒸腾速率的影响情况。从图4-3A（测定日期：2008-04-24）可见，在水分调亏期间各调亏处理的蒸腾速率均低于CK，而且有随水分调亏度加重蒸腾速率降低幅度增大的趋势；经Duncan新复极差测验，轻度调亏（L）蒸腾速率比CK降低不显著（$P>0.05$），中（M）、重（S）度调亏降低达极显著水平（$P<0.01$）。

图4-3B（测定日期：2008-05-13）可见，抽穗期调亏复水后（18d）蒸腾速率也有一定补偿效应，但较前几个阶段明显减弱，各调亏处理仍比CK低，经Duncan新复极差测验差异达显著水平；但各调亏处理间差异不显著。另外也看出，各调亏处理复水后的蒸腾速率日变化规律性不明显，可能是叶片已开始衰老之故。

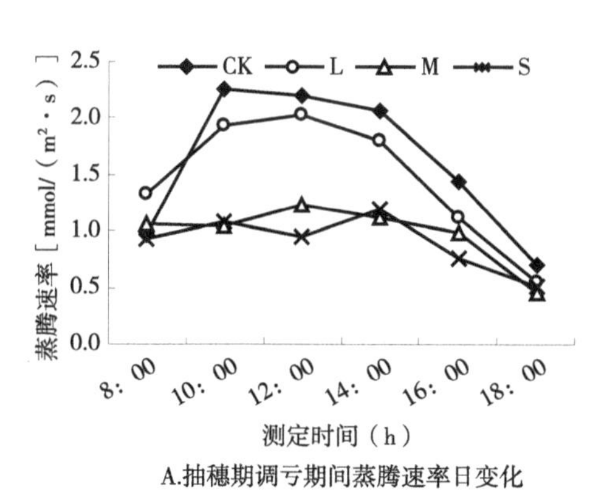

A.抽穗期调亏期间蒸腾速率日变化

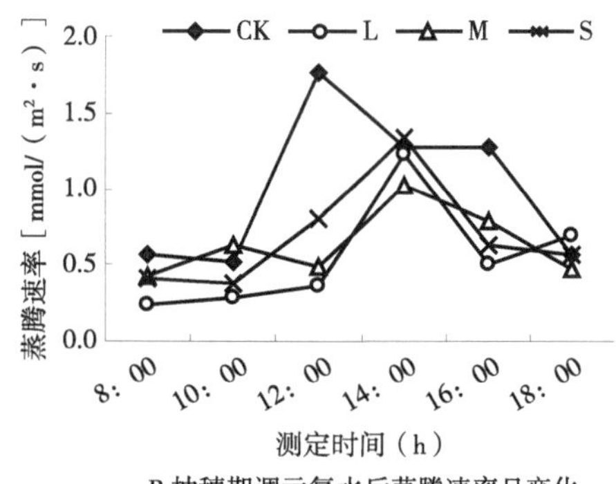

B.抽穗期调亏复水后蒸腾速率日变化

图4-3　抽穗期RDI对冬小麦蒸腾速率的影响

根据试验测定结果对冬小麦各生育阶段植株蒸腾速率与土壤相对含水量的关系进行拟合，结果如表4-1。从表4-1中看到，越冬期、拔节期和抽穗期调亏期间蒸腾速率与土壤水分关系呈极显著和显著二次曲线关系；复水后蒸腾速率与调亏期间的水分调亏度（土壤水分控制下限）仍呈二次曲线关系。说明这3个阶段植株蒸腾速率对土壤水分变化反应敏感，而且水分调亏对蒸腾速率的影响不是孤立的，某阶段水分调亏不仅对本阶段产生影响，而且对以后阶段也有明显影响，即存在“后效性”。同时从表4-1中也看到，返青期蒸腾速率对水分变化不敏感，本试验条件下水分调亏未对蒸腾速率产生显著影响。

表4-1　冬小麦不同生育阶段蒸腾速率与土壤相对含水量关系拟合模型

调亏阶段	模拟方程	R	R^2	样本数（n）
返青期	调亏期间：$y=0.436\,8x^2-0.659\,4x+1.091$	0.358 1	0.128 2	4
	复水后：$y=0.238\,9x^2-0.071x+0.308$	0.376 1	0.141 5	4
拔节期	调亏期间：$y=-8x^2+12.08x-3.197$	0.990 0**	0.980 1**	4
	复水后：$y=-10.236x^2+12.317x-1.659\,3$	0.866 9	0.751 5	4
抽穗期	调亏期间：$y=1.809x^2+0.226\,5x+0.302\,6$	0.961 5*	0.924 4*	4
	复水后：$y=12.285x^2-15.138x+5.216$	0.927 1*	0.859 6	4

根据表4-1中方程求导计算，拔节期蒸腾速率存在一个最大值，即1.36mmol/（m^2·s），对应的土壤相对含水量为75.5%FC；如果土壤水分继续增加，植株将由生理蒸腾发展为物理散失水分，即产生“奢侈蒸腾”现象，应通过土壤水分调亏予以控制。

4.2.1.2 RDI对冬小麦耗水量的影响

试验结果（图4-4）表明，无论哪个生育阶段水分调亏，随着土壤含水量控制下限降低，耗水量都在依次递减，降低幅度为12.8%～46.5%，与CK差异达显著或极显著水平；但随土壤水分控制下限降低，耗水量下降幅度越来越小。从图4-4中还可看到，随调亏阶段推延水分调亏的节水效应越来越明显。

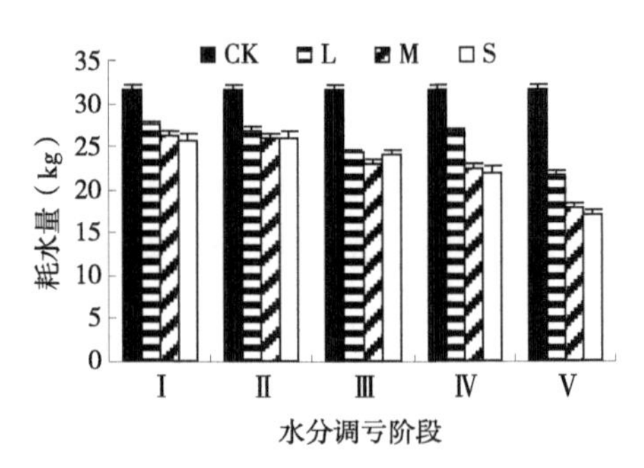

图4-4 RDI对冬小麦耗水量的影响

水分调亏处理减少作物耗水量的原因是，在调亏期间，由于供水量减少，土壤含水量降低，表层土壤含水量更低，通常在毛管断裂含水量以下。下层土壤中的水分只能以水蒸气形式通过土壤孔隙向大气扩散，速度较慢，棵间蒸发量减少。同时，由于调亏抑制了叶片延伸生长和气孔开张度，叶面积系数和蒸腾速率也较对照为小，因此作物总耗水量减少。

冬小麦耗水量与不同生育阶段土壤水分控制下限的关系拟合模型及参数如表4-2。从表4-2中可见，冬小麦耗水量与各阶段土壤水分状况均呈极显著二次曲线关系。

表4-2 冬小麦耗水量与不同生育阶段土壤相对含水量关系拟合模型

生育阶段	回归方程	R	R^2	样本数（n）
Ⅰ	$y=89.75x^2-97.785x+52.182$	0.996 4**	0.992 9**	4
Ⅱ	$y=118.75x^2-136.74x+64.735$	0.990 8**	0.981 7**	4
Ⅲ	$y=207x^2-244.88x+94.717$	0.992 6**	0.985 2**	4
Ⅳ	$y=110x^2-109.4x+48.77$	0.995 3**	0.990 7**	4
Ⅴ	$y=224.5x^2-244.11x+82.929$	0.998 1**	0.996 2**	4

4.2.1.3　RDI对冬小麦经济产量的影响

经济产量在返青前随调亏度加重而提高，在返青—拔节阶段有降低趋势，在拔节后随调亏度加重显著降低（图4-5）。在所有处理中，以三叶—越冬阶段重度调亏（40%）经济产量最高（32.14g），比对照（29.69g）提高8.25%，且节水18.55%；其次是越冬—返青的重度调亏（31.50g）和中度调亏（30.43g），分别比对照增产6.10%和2.49%，且节水17.69%和17.85%，返青—拔节重度调亏比对照略有增产，但节水24.27%，此阶段的轻、中度调亏比对照减产不明显，但分别节水23.22%和27.35%；拔节后的调亏减产明显，减产幅度为29.84%～69.99%，但节水15.50%～46.51%。

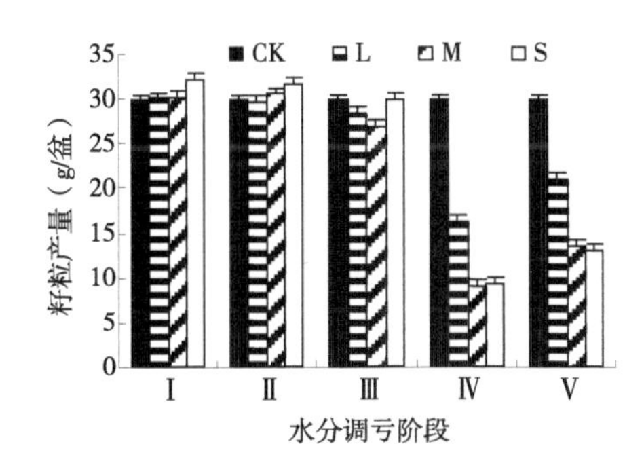

图4-5　RDI对冬小麦籽粒产量的影响

冬小麦经济产量与各生育阶段土壤水分控制下限的关系拟合结果如表4-3所示。从表4-3中可见，冬小麦经济产量与各生育阶段土壤水分状况均呈显著或极显著二次曲线关系。

表4-3　冬小麦籽粒产量与不同生育阶段土壤相对含水量关系拟合模型

生育阶段	回归方程	R	R^2	样本数（n）
Ⅰ	$y=45.25x^2-66.295x+53.87$	0.971 0*	0.942 9*	4
Ⅱ	$y=30.5x^2-45.97x+46.903$	0.992 3**	0.984 6**	4
Ⅲ	$y=107.25x^2-138.12x+71.764$	0.909 3	0.826 9	4
Ⅳ	$y=341x^2-374.14x+110.83$	0.999 8**	0.999 7**	4
Ⅴ	$y=208x^2-212.72x+67.013$	0.996 1**	0.992 3**	4

4.2.1.4 RDI对冬小麦水分利用效率的影响

图4-6所示是RDI条件下的水分利用效率（WUE）。WUE在三叶—越冬、越冬—返青和返青—拔节3个阶段随水分调亏度加重而提高，而且比CK提高均达显著水平；拔节—抽穗阶段随调亏度加重而明显降低，与CK差异均达极显著水平；抽穗—成熟阶段轻度调亏对提高WUE有利，比CK略高，中、重度调亏WUE有明显降低，与CK差异达显著水平。当轻度调亏时，WUE以返青—拔节阶段为最高（1.17g/kg）；其次为越冬—返青（1.10g/kg）和三叶—越冬调亏（1.09g/kg）；当中度调亏时，WUE以越冬—返青调亏为最高（1.18g/kg）；其次为返青—拔节（1.17g/kg）和三叶—越冬（1.15g/kg）；在所有处理中，以三叶—越冬和返青—拔节阶段的重度调亏WUE为最高（1.25g/kg），比对照（0.94g/kg）高0.31g/kg，比其他处理高0.03～0.85g/kg；其次是越冬—返青阶段的重度调亏（1.22g/kg）。

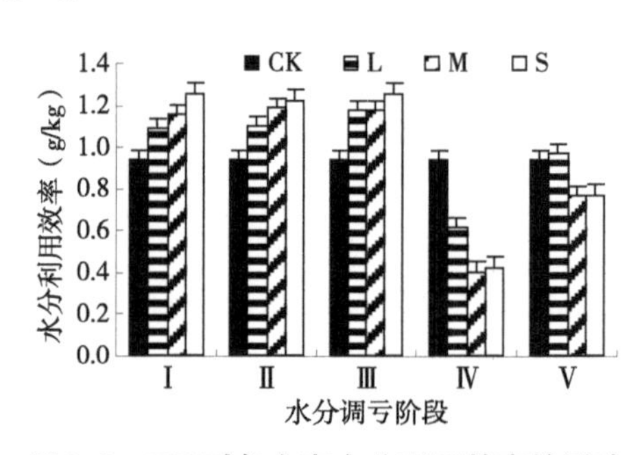

图4-6 RDI对冬小麦水分利用效率的影响

冬小麦WUE与各生育阶段土壤水分控制下限的关系拟合结果如表4-4所示。从表4-4中可见，冬小麦WUE与生育阶段Ⅰ、Ⅱ、Ⅲ的土壤水分状况呈显著或极显著二次曲线负相关关系，与阶段Ⅳ的土壤水分状况呈极显著二次曲线正相关关系，与阶段Ⅴ的土壤水分状况呈二次曲线负相关关系，但不显著。表明在阶段Ⅰ，或阶段Ⅱ，或阶段Ⅲ实施适度水分调亏均可显著提高WUE，其余阶段调亏则降低WUE。

根据表4-4中方程求导计算，冬小麦越冬期（Ⅱ）和返青期（Ⅲ）存在WUE最大值，分别为1.22g/kg和1.24g/kg，对应的土壤相对含水量分别为49.67%和52.60%；如果土壤水分超出或低于此值，WUE将会降低。因此认为，这两个阶段最有利于提高WUE的水分调亏度为50%～55%。

表4-4 冬小麦WUE与不同生育阶段土壤相对含水量关系拟合模型

生育阶段	回归方程	R	R^2	样本数（n）
Ⅰ	$y=-1.25x^2+0.635x+1.238\ 5$	0.991 6**	0.983 3**	4
Ⅱ	$y=-3x^2+2.98x+0.478$	0.999 1**	0.998 3**	4
Ⅲ	$y=-3.75x^2+3.945x+0.199\ 5$	0.954 2*	0.910 5*	4
Ⅳ	$y=8.75x^2-9.605x+3.029\ 5$	0.998 4**	0.996 8**	4
Ⅴ	$y=-0.5x^2+1.37x+0.187$	0.843 1	0.710 9	4

4.2.2 RDI对夏玉米经济产量和水分利用的影响

4.2.2.1 RDI对夏玉米蒸腾速率的影响

试验结果表明，不同生育阶段玉米叶片的蒸腾速率（T_r）对水分调亏的敏感性存在差异（图4-7）。苗期调亏历时20d时测定，随亏水度加大蒸腾速率显著降低，降幅为27.76%～50.59%，其中，轻度调亏（L）与对照（CK）差异达显著水平，中（M）、重（S）度调亏与CK差异达极显著水平；但复水后21d时测定蒸腾速率恢复至或略高于CK水平。拔节—抽穗期水分调亏历时21d时测定，蒸腾速率随亏水度增大显著降低，降幅为9.61%～67.78%，其中，轻度调亏（L）与CK差异不显著，中（M）、重（S）度调亏与CK差异达极显著水平；复水后12d时蒸腾速率接近或略高于CK水平。抽穗—灌浆期亏水历时12d时测定，蒸腾速率受到强烈抑制，降低幅度24.55%～74.68%；其中，轻度调亏（L）与CK差异达显著水平，中（M）、重（S）度调亏与CK差异达极显著水平；复水后15d，蒸腾速率接近对照水平。灌浆—成熟亏水15d时测定，蒸腾速率受抑制最强，降低幅度30.66%～73.28%，各调亏处理与CK差异均达极显著水平。

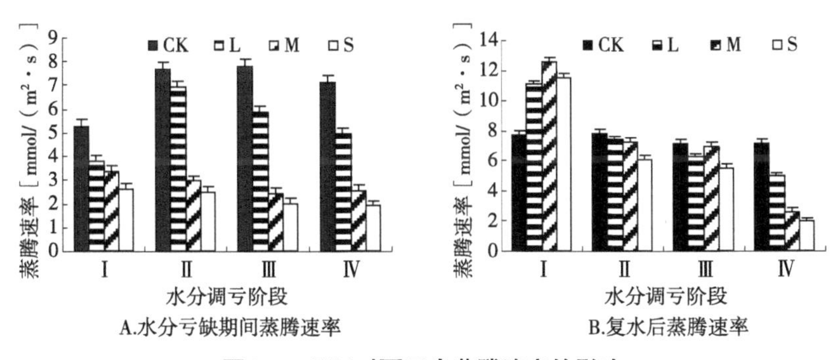

图4-7 RDI对夏玉米蒸腾速率的影响

水分调亏期间玉米植株蒸腾速率与土壤相对含水量的关系拟合如表4-5所示。从表4-5中看到，在不同调亏阶段二者关系有所不同。在阶段Ⅰ（苗期）二者呈显著线性关系，在阶段Ⅱ（拔节期）二者呈指数关系，但达不到显著水平；在阶段Ⅲ（抽穗期）和Ⅳ（灌浆期）二者呈显著或极显著二次曲线关系。

表4-5　夏玉米蒸腾速率与不同生育阶段土壤相对含水量关系拟合模型

生育阶段	回归方程	R	R^2	样本数（n）
Ⅰ	$y=8.39x-1.711$	0.971 8*	0.944 3*	4
Ⅱ	$y=0.278\ 6e^{4.256\ 7x}$	0.946 7	0.896 2	4
Ⅲ	$y=36.25x^2-26.255x+5.809\ 5$	0.978 0*	0.956 4*	4
Ⅳ	$y=38.25x^2-31.715x+8.098\ 5$	0.994 5**	0.989 0**	4

4.2.2.2　RDI对夏玉米耗水量的影响

试验结果（图4-8）显示，无论哪个生育阶段调亏，随着水分调亏度加重（土壤含水量控制下限降低），耗水量依次递减，降低幅度为6.71%～32.03%；其中，以阶段Ⅱ（拔节期）随调亏度加重耗水量下降幅度最大（16.07%～32.03%）。

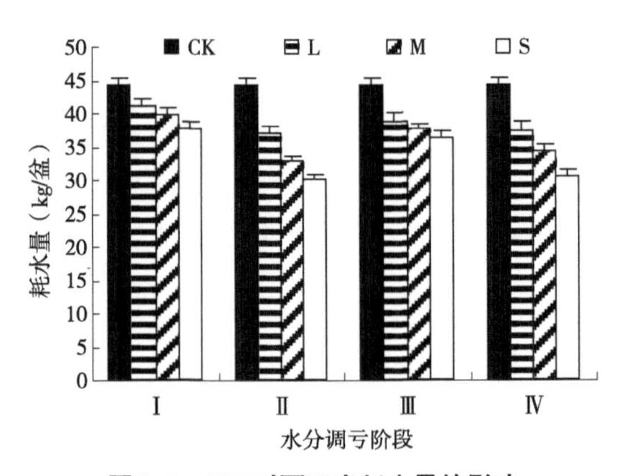

图4-8　RDI对夏玉米耗水量的影响

夏玉米耗水量与各水分调亏阶段土壤水分控制下限的关系模拟结果如表4-6所示。从表4-6中看到，耗水量与各调亏阶段土壤水分控制下限均呈极显著二次曲线关系。

表4-6　夏玉米耗水量与不同生育阶段土壤相对含水量关系拟合模型

生育阶段	回归方程	R	R^2	样本数（n）
Ⅰ	$y=22.5x^2-8.29x+36.121$	0.995 4**	0.990 9**	4
Ⅱ	$y=108.25x^2-94.175x+49.987$	0.999 6**	0.999 3**	4
Ⅲ	$y=99.5x^2-104.69x+63.871$	0.989 5*	0.979 2*	4
Ⅳ	$y=71.5x^2-49.25x+37.425$	0.995 7**	0.991 5**	4

4.2.2.3　RDI对夏玉米经济产量的影响

图4-9是RDI条件下经济产量变化情况。在所有处理中，以拔节前重度调亏籽粒产量最高（95.60g），比对照（62.0g）提高54.19%，且节水14.75%；其次是拔节前的中度调亏（86.6g）、拔节—抽穗轻度调亏（72.8g）和拔节前的轻度调亏（69.4g），分别比对照增产39.68%、17.42%和11.94%，并且节水6.71%～16.07%；拔节—抽穗中度调亏、抽穗—灌浆轻度调亏和灌浆—成熟的轻度调亏比对照减产不明显（-9.19%～-6.29%），但节水11.87%～25.80%；其余处理减产明显，减产幅度为11.45%～30.81%，但节水14.87%～32.03%。

夏玉米籽粒产量与不同生育阶段土壤相对含水量关系拟合结果如表4-7所示。从表4-7中看到，籽粒产量与各调亏阶段土壤水分控制下限均呈显著二次曲线关系。

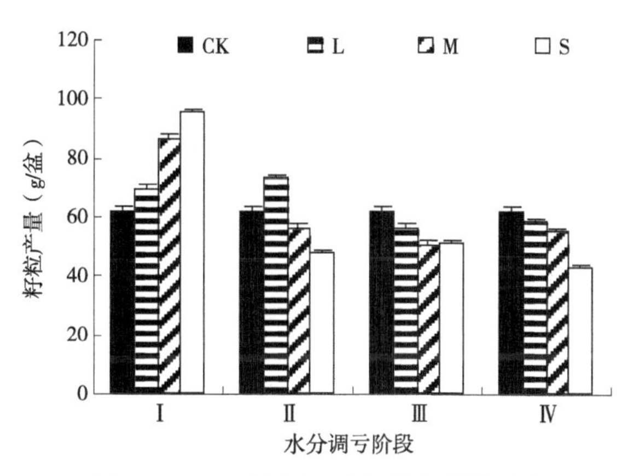

图4-9　RDI对冬夏玉米籽粒产量的影响

表4-7 夏玉米籽粒产量与不同生育阶段土壤相对含水量关系拟合模型

生育阶段	回归方程	R	R^2	样本数（n）
Ⅰ	$y=40x^2-170x+171.5$	0.988 6*	0.977 3*	4
Ⅱ	$y=-495x^2+704.1x-182.74$	0.907 2	0.823 0	4
Ⅲ	$y=155x^2-162.3x+92.97$	0.987 6*	0.975 4*	4
Ⅳ	$y=-202.5x^2+323.75x-67.875$	0.988 9*	0.977 9*	4

4.2.2.4 RDI对夏玉米水分利用效率的影响

水分利用效率（WUE，即作物消耗单位水分所生产的籽粒重量）在拔节前随水分调亏度加重（土壤水分控制下限降低）而提高，在其余阶段随调亏度加重而呈降低趋势（图4-10）；当轻度调亏（60%～65%FC）时，WUE以拔节—抽穗阶段调亏为最高（1.97g/kg），其次为拔节前调亏（1.69g/kg）；当中度调亏（50%～55%FC）时，WUE以拔节前调亏为最高（2.19g/kg），其次为拔节—抽穗调亏（1.72g/kg）。在所有处理中，以拔节前重度调亏（40%～45%FC）WUE为最高（2.55g/kg），比对照高1.14g/kg，比其他调亏处理高0.36～1.20g/kg；其次是拔节前的中度调亏（50%～55%FC）和拔节—抽穗阶段的轻度调亏（60%～65%FC）。

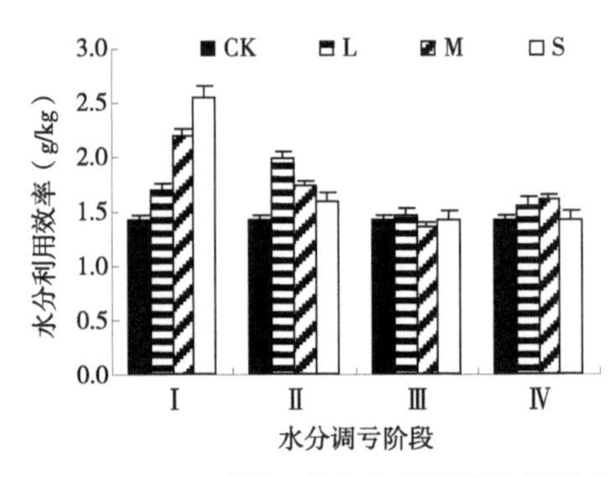

图4-10 RDI对夏玉米水分利用效率的影响

夏玉米WUE与不同生育阶段土壤相对含水量关系拟合结果如表4-8所示。从表4-8中看到，WUE与调亏阶段Ⅰ和Ⅳ的土壤水分控制下限呈极显著和显著二次曲线关系，与阶段Ⅱ和Ⅲ的土壤水分控制下限呈二次曲线关系，但达不到显著水平。

根据表4-8中方程求导计算，夏玉米拔节期（Ⅱ）和灌浆期（Ⅳ）的WUE存在一个最大值，分别为1.89g/kg和1.59g/kg，对应的土壤相对含水量分别为64.26%FC和64.69%FC；如果土壤含水量超出或低于此值，WUE将会降低。

表4-8 夏玉米WUE与不同生育阶段土壤相对含水量关系拟合模型

生育阶段	回归方程	R	R^2	样本数（n）
Ⅰ	$y=2x^2-6.52x+5.328$	0.995 8**	0.991 7**	4
Ⅱ	$y=-17.5x^2+22.49x-5.336$	0.865 1	0.748 4	4
Ⅲ	$y=0.5x^2-0.55x+1.545$	0.342 9	0.117 6	4
Ⅳ	$y=-8.25x^2+10.675x-1.857\,5$	0.980 1*	0.960 5*	4

4.2.3 RDI对棉花经济产量和水分利用的影响

4.2.3.1 RDI对棉花蒸腾速率的影响

在水分调亏期间，随调亏度加重（土壤水分控制下限降低），蒸腾速率显著降低（图4-11A），但不同生育阶段蒸腾速率对水分调亏的敏感性存在明显差异。苗期（Ⅰ）水分调亏历时20d时测定，蒸腾速率随调亏度加重显著降低，降幅为29.15%~51.76%，各调亏处理与对照（CK）差异达显著或极显著水平；复水后蒸腾速率逐渐恢复，复水后20d测定蒸腾速率接近或略高于CK水平，但差异不显著（图4-11B）。蕾期（Ⅱ）水分调亏历时20d时测定，蒸腾速率随调亏度加重显著降低，降幅为27.06%~56.41%，各调亏处理与CK差异达显著或极显著水平；复水后20d蒸腾速率恢复较快，轻度调亏（L）接近CK，中（M）、重（S）度调亏超过CK，但差异不显著。花铃期水分调亏历时20d时测定，蒸腾速率受到明显抑制，降幅为24.13%~37.80%，各调亏处理与CK差异达显著或极显著水平；复水后20d也有一定补偿效应，但蒸腾速率仍比CK低3.95%~28.90%，其中，轻（L）、中（M）度调亏与CK差异不显著，重度调亏（S）与CK差异达极显著水平。吐絮期水分调亏蒸腾作用仍受到较明显抑制，降幅为6.31%~39.53%（调亏历时20d时测定）；复水后20d测定蒸腾速率表现出一定补偿效应，但仍比CK低4.71%~31.76%，其中，轻度调亏（L）与CK差异不显著，中度调亏（M）与CK差异达显著水平，重度调亏

（S）与CK差异达极显著水平。

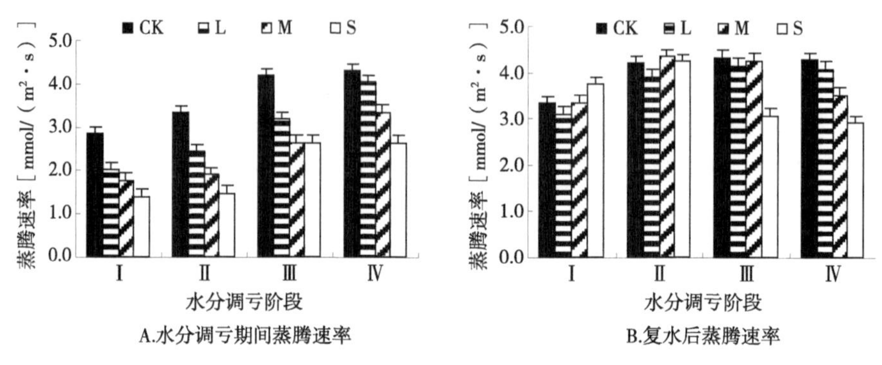

图4-11 RDI对棉花蒸腾速率的影响

棉花植株蒸腾速率与不同生育阶段土壤相对含水量关系拟合结果如表4-9所示。从表4-9中看到，水分调亏期间棉花植株蒸腾速率与各阶段土壤相对含水量关系均呈显著或极显著二次曲线关系；Ⅰ、Ⅲ、Ⅳ阶段调亏结束复水后蒸腾速率与调亏期间的水分调亏度（土壤水分控制下限）仍呈显著或极显著二次曲线关系，说明这些阶段植株蒸腾速率对土壤水分变化反应较敏感，而且水分调亏对蒸腾速率的影响不是孤立的，某阶段水分调亏不仅对本阶段产生影响，而且对以后阶段也有较长时间明显影响，即存在“后效性”。同时从表4-9中看到，阶段Ⅰ（苗期）和阶段Ⅳ（吐絮期）水分调亏的后效性最显著。

表4-9 棉花蒸腾速率与不同生育阶段土壤相对含水量关系拟合模型

调亏阶段	模拟方程	R	R^2	样本数（n）
Ⅰ	调亏期间：$y=11.071x^2-9.721\,4x+3.499\,3$	0.989 4*	0.979 0*	4
	复水后：$y=15.607x^2-21.788x+10.736$	0.988 7*	0.977 6*	4
Ⅱ	调亏期间：$y=11.321x^2-8.587\,9x+2.920\,5$	0.999 0**	0.998 0**	4
	复水后：$y=5.214\,3x^2-7.381\,4x+6.681\,9$	0.499 2	0.249 2	4
Ⅲ	调亏期间：$y=25.214x^2-27.467x+10.023$	0.999 8**	0.999 5**	4
	复水后：$y=-25.036x^2+36.176x-8.695\,2$	0.940 7*	0.884 9	4
Ⅳ	调亏期间：$y=-11.071x^2+20.207x-4.757\,9$	0.997 2**	0.994 4**	4
	复水后：$y=-10.25x^2+17.915x-3.508\,5$	0.998 3**	0.996 7**	4

4.2.3.2 RDI对棉花耗水量的影响

试验结果（图4-12）表明，无论哪个生育阶段水分调亏，随着土壤含水量控制下限降低，耗水量依次递减，降低幅度为2.90%~20.76%；其中以阶段Ⅲ降低幅度最大（12.44%~20.76%）。

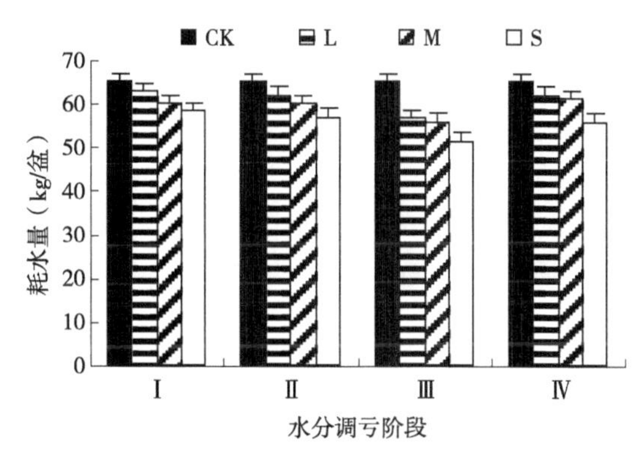

图4-12 RDI对棉花耗水量的影响

棉花耗水量与不同生育阶段土壤相对含水量关系拟合结果如表4-10所示。从表4-10中看到，耗水量与各调亏阶段土壤水分控制下限均呈极显著或显著二次曲线关系。

表4-10 棉花耗水量与不同生育阶段土壤相对含水量关系拟合模型

生育阶段	回归方程	R	R^2	样本数（n）
Ⅰ	$y=3x^2+18.94x+47.824$	0.994 9**	0.989 8**	4
Ⅱ	$y=-2.5x^2+28.45x+43.5$	0.995 5**	0.991 0**	4
Ⅲ	$y=90.75x^2-76.665x+67.503$	0.969 9*	0.940 7*	4
Ⅳ	$y=-65.25x^2+113.06x+15.755$	0.973 2*	0.947 1*	4

4.2.3.3 RDI对棉花经济产量的影响

经济产量在苗期各调亏处理均高于对照，但随调亏度加重产量逐渐降低，蕾期只有轻度调亏高于对照，花铃期各调亏处理均显著低于对照，吐絮期的中度调亏高于对照，其他处理显著低于对照（图4-13）。在所有处理中，以苗期的轻度调亏经济产量最高（53.64g），比对照（42.32g）提高26.75%，且节水

2.90%；其次是苗期中度调亏（49.59g）和吐絮期的中度调亏（45.55g），分别比对照增产17.18%和7.63%，且节水7.50%和5.65%；苗期重度调亏比对照略有增产，但节水10.22%。

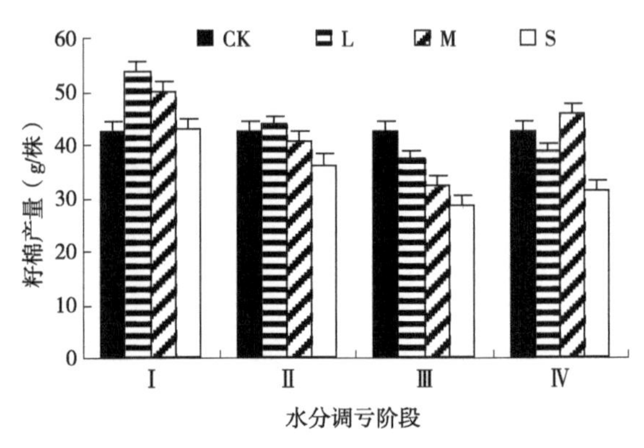

图4-13　RDI对棉花籽棉产量的影响

棉花籽棉产量与各水分调亏阶段土壤水分控制下限的关系拟合结果如表4-11所示。从表4-11中看到，籽棉产量与调亏阶段Ⅰ、Ⅱ、Ⅲ的土壤水分控制下限均呈显著或极显著二次曲线关系，与阶段Ⅳ的土壤水分控制下限呈二次曲线关系，但达不到显著水平。

表4-11　棉花籽棉产量与不同生育阶段土壤相对含水量关系拟合模型

生育阶段	回归方程	R	R^2	样本数（n）
Ⅰ	$y=-452.75x^2+591.18x-140.24$	0.954 8*	0.911 7*	4
Ⅱ	$y=-149.5x^2+216.19x-34.821$	0.994 8**	0.989 6**	4
Ⅲ	$y=38.25x^2-2.815x+20.148$	0.999 7**	0.999 4**	4
Ⅳ	$y=-263.75x^2+369.26x-85.908$	0.738 4	0.545 2	4

根据表4-11中方程求导计算，阶段Ⅰ（苗期）和阶段Ⅱ（蕾期）的籽棉产量分别存在一个最大值，即52.74g/盆和43.34g/盆，对应的土壤相对含水量分别为65.29%FC和72.30%FC；若土壤含水量超出或低于此值，籽棉产量将会降低。

RDI对棉花产量影响的上述规律的可能机制是，苗期发根能力较强，具渗透调节与弹性调节性能强的特点，利用这种反冲机制进行水分调亏，可控制枝叶旺长，减少植株能量和质量消耗，复水后生长补偿效应显著，补偿时间充裕，有利于增加籽棉产量。蕾期处于由营养生长向生殖生长转移阶段，适度的水分调亏可控制营养生长，促进生殖生长，有利于打下丰产架子，但过度的水分调亏会造成幼蕾脱落，生殖生长变弱。花铃期为营养生长和生殖生长并进的旺盛生长阶段，气温高，蒸发量大，植株对水分需求量大，对水分调亏非常敏感，水分调亏造成蕾铃大量脱落，因而严重减产。吐絮期气温降低，生长变慢，植株吸水渐少，适度的水分调亏不会影响产量，反而有促进棉铃顺畅吐絮的作用，对提高棉花纤维品质有利，但过度亏水会降低铃重和纤维质量。然而，更为充分的理论依据尚需做进一步的试验研究。

4.2.3.4 RDI对棉花水分利用效率的影响

水分利用效率在苗期的各调亏处理和蕾期的轻、中度调亏均高于对照，但随调亏度加重水分利用效率呈降低趋势；花铃期除轻度调亏与对照相同外，其他处理明显低于对照；吐絮期轻度调亏接近对照，中度调亏明显高于对照（图4-14）。当轻度调亏时，WUE以苗期为最高（0.85g/kg），其次为蕾期（0.71g/kg）；当中度调亏时，WUE仍以苗期为最高（0.83g/kg），其次为吐絮期（0.75g/kg）。在所有处理中，以苗期轻度调亏WUE为最高（0.85g/kg），比对照（0.65g/kg）高0.2g/kg，比其他处理高0.02～0.3g/kg；其次是苗期的中度调亏（0.83g/kg）。

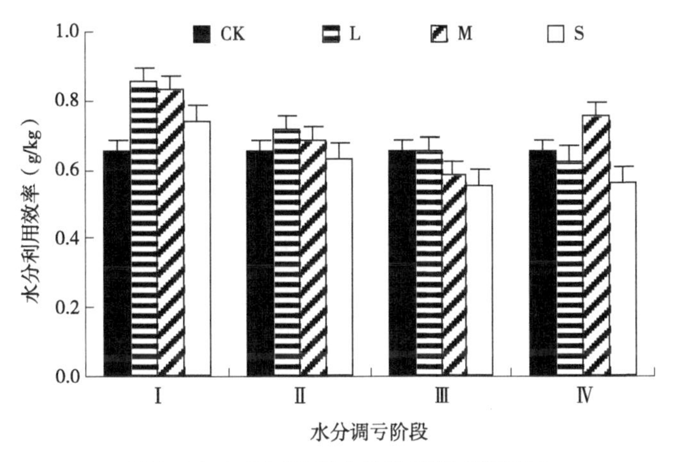

图4-14 RDI对棉花水分利用效率的影响

棉花WUE与各水分调亏阶段土壤水分控制下限的关系拟合结果如表4-12所示。从表4-12中看到，WUE与调亏阶段Ⅰ、Ⅱ、Ⅲ的土壤水分控制下限均呈显著二次曲线关系，与阶段Ⅳ的土壤水分控制下限呈二次曲线关系，但达不到显著水平。

根据表4-12中方程求导计算，生育阶段Ⅰ（苗期）、Ⅱ（蕾期）和Ⅲ（花铃期）WUE存在最大值，分别为0.86g/kg、0.70g/kg和0.66g/kg；对应的土壤相对含水量分别为63.28%、66.64%和89.67%；土壤相对含水量超出或低于此值，WUE将会降低。

表4-12　棉花WUE与不同生育阶段土壤相对含水量的关系拟合模型

生育阶段	回归方程	R	R^2	样本数（n）
Ⅰ	$y=-7.25x^2+9.175x-2.0425$	0.977 5*	0.955 5*	4
Ⅱ	$y=-2.75x^2+3.665x-0.5185$	0.966 1*	0.933 3*	4
Ⅲ	$y=-0.75x^2+1.345x+0.0595$	0.959 8*	0.921 2*	4
Ⅳ	$y=-4x^2+5.34x-1.086$	0.624 9	0.390 5	4

4.2.4　作物RDI指标与模式

RDI指标主要包括最优调亏度、最佳调亏阶段（时期）和调亏历时（d）等。根据RDI对作物生长、生态生理和经济产量的影响等指标，将本试验条件下的冬小麦、夏玉米和棉花RDI模式分别概括为2种类型、4种类型和2种类型（表4-13、表4-14和表4-15），可根据不同降水年型、区域水资源状况、苗情、农艺措施和决策目标等灵活运用。

表4-13　冬小麦RDI模式类型与指标

RDI类型	调亏阶段	调亏度（%FC）	调亏历时（d）	增产（%）	节水（%）	WUE增加（%）
（1）	Ⅰ	40～60	40	0.88～8.25	12.8～18.55	15.96～32.98
	Ⅱ	40～55	15	2.49～6.10	14.93～17.85	17.02～29.79
（2）	Ⅲ	40～45	25	0.17	23.22～27.35	24.47～32.98

注：（1）高产节水型；（2）较高产高节水型。Ⅰ，三叶—越冬；Ⅱ，越冬—返青；Ⅲ，返青—拔节。

表4-14　夏玉米RDI模式类型与指标

RDI类型	调亏阶段	调亏度（%FC）	调亏历时（d）	增产（%）	节水（%）	WUE增加（%）
（1）	Ⅰ	45～65	21	11.94～54.10	6.71～14.75	19.86～80.85
	Ⅱ	60～65	21	17.42	16.07	39.70
（2）	Ⅱ	50～55	21	−9.19	25.80	21.99
（3）	Ⅲ	60～65	12	−9.19	11.87	2.84
	Ⅳ	60～65	31	−6.29	15.05	9.93
（4）	Ⅳ	50～55	31	−11.45	22.19	13.48

注：（1）高产节水型；（2）较高产高节水型；（3）较高产节水型；（4）中产高节水型。Ⅰ，三叶—拔节；Ⅱ，拔节—抽穗；Ⅲ，抽穗—灌浆；Ⅳ，灌浆—成熟。

表4-15　棉花RDI模式类型与指标

RDI类型	调亏阶段	调亏度（%）	调亏历时（d）	增产（%）	节水（%）	WUE增加（%）
（1）	Ⅰ	50～60	20	17.18～26.75	2.90～7.50	27.69～30.77
（2）	Ⅱ	60～65	20	3.14	4.55	9.23
	Ⅳ	50～55	20	7.63	5.65	15.38

注：（1）高产节水型；（2）较高产节水型。Ⅰ，苗期；Ⅱ，蕾期；Ⅳ吐絮期。

4.3　小结与讨论

（1）冬小麦拔节期水分调亏期间强烈抑制蒸腾速率，因而显著减少水分散失，复水后蒸腾速率有补偿效应；拔节期蒸腾速率存在一个最大值，即1.26μmol/（m^2·s），对应的土壤相对含水量为77.34%FC；如果土壤水分继续增加，植株将由生理蒸腾发展为物理散失水分，即产生“奢侈蒸腾”，应通过土壤水分调亏予以控制。返青期水分调亏期间对蒸腾速率无明显抑制作用，复水后各水分处理间也无明显差异。玉米、棉花各阶段水分调亏期间蒸腾速率均受到强烈抑制，但前期调亏复水后表现出明显补偿效应，后期调亏复水后补

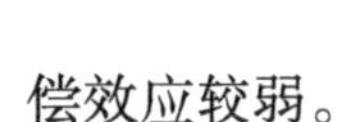

偿效应较弱。

（2）冬小麦、夏玉米和棉花等作物全生育期耗水量均随水分调亏度加重而降低，但不同作物间耗水量降低幅度存在差异性，其中冬小麦耗水量降低幅度最大（12.8%～46.5%），其次是夏玉米（6.71%～32.0%），再次是棉花（2.90%～20.76%）；冬小麦是后期调亏比前期调亏更节水，夏玉米是拔节期（前期）调亏最节水，棉花是花铃期（中期）调亏最节水。3种作物耗水量与水分调亏阶段的土壤水分控制下限均呈极显著二次曲线关系。

（3）适时适度的水分调亏可增加作物经济产量。其中，冬小麦在返青前调亏有增产效应，越冬期调亏既增产又节水；夏玉米在拔节前调亏增产节水效应明显；棉花在苗期调亏可增产，蕾期调亏减产不明显，花铃期调亏减产显著。3种作物经济产量与水分调亏阶段的土壤水分控制下限均呈显著或极显著二次曲线关系。

（4）适时适度的水分调亏可提高作物水分利用效率（WUE）。冬小麦拔节期及其以前调亏，WUE随水分调亏度加重而提高，之后阶段调亏WUE降低；冬小麦越冬期（Ⅱ）和返青期（Ⅲ）存在WUE最大值，分别为1.22g/kg和1.24g/kg，对应的土壤相对含水量分别为49.67%FC和52.60%FC；如果土壤水分超出或低于此值，WUE将会降低。因此认为，这两个阶段最有利于提高WUE的水分调亏度为50%～55%FC。夏玉米与冬小麦的情况相似，即拔节期及其以前调亏WUE随水分调亏度加重而提高，之后阶段调亏WUE降低；夏玉米拔节期（Ⅱ）和灌浆期（Ⅳ）的WUE存在最大值，分别为1.89g/kg和1.59g/kg，对应的土壤相对含水量分别为64.26%FC和64.69%FC；如果土壤含水量超出或低于此值，WUE将会降低。棉花苗期调亏WUE提高显著，蕾期调亏对提高WUE有利；棉花生育阶段Ⅰ（苗期）、Ⅱ（蕾期）和Ⅲ（花铃期）WUE存在最大值，分别为0.86g/kg、0.70g/kg和0.66g/kg；对应的土壤相对含水量分别为63.28%FC、66.64%FC和89.67%FC；土壤相对含水量超出或低于此值，WUE将会降低。3种作物的WUE与水分调亏阶段的土壤水分控制下限基本呈显著或极显著二次曲线关系。

（5）根据RDI对作物生长、生态生理和经济产量的影响等指标，将本试验条件下的冬小麦、夏玉米和棉花RDI模式分别概括为2种类型、4种类型和2种类型，可根据不同降水年型、区域水资源状况、农艺措施和决策目标等灵活运用。

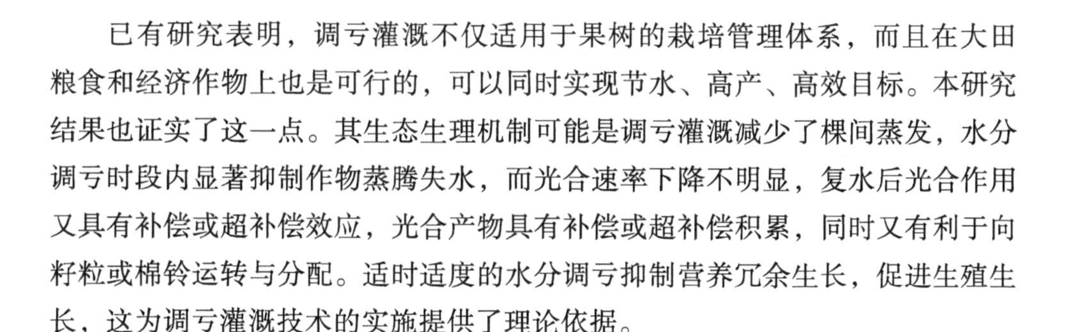

已有研究表明，调亏灌溉不仅适用于果树的栽培管理体系，而且在大田粮食和经济作物上也是可行的，可以同时实现节水、高产、高效目标。本研究结果也证实了这一点。其生态生理机制可能是调亏灌溉减少了棵间蒸发，水分调亏时段内显著抑制作物蒸腾失水，而光合速率下降不明显，复水后光合作用又具有补偿或超补偿效应，光合产物具有补偿或超补偿积累，同时又有利于向籽粒或棉铃运转与分配。适时适度的水分调亏抑制营养冗余生长，促进生殖生长，这为调亏灌溉技术的实施提供了理论依据。

参考文献

[1] 郭相平，康绍忠. 调亏灌溉——节水灌溉的新思路[J]. 西北水资源与水工程，1998，9（4）：35-40.

[2] 曾德超，彼得·杰里. 果树调亏灌溉密植节水增产技术的研究与开发[M]. 北京：北京农业大学出版社，1994：5-6，13-14.

[3] 胡顺军，宋郁东，周宏飞，等. 塔里木盆地棉花水分利用效率试验研究[J]. 干旱地区农业研究，2002，20（3）：66-70.

[4] 杨晓光，沈彦俊，于沪宁. 夏玉米群体水分利用效率影响因素分析[J]. 西北植物学报，1999，19（6）：148-153.

[5] 王会肖，刘昌明. 作物水分利用效率内涵及研究进展[J]. 水科学进展，2000，11（1）：99-104.

[6] 梁宗锁，康绍忠. 植物水分利用率及其提高途径[J]. 西北植物学报，1996，16（6）：79-84.

[7] 张岁岐，山仑. 植物水分利用效率及其研究进展[J]. 干旱地区农业研究，2002，20（4）：1-4.

[8] 房全孝，陈雨海，李全起，等. 灌溉对冬小麦水分利用效率的影响研究[J]. 农业工程学报，2004，20（4）：34-39.

5 调亏灌溉对作物经济产品品质的影响

调亏灌溉概念提出至今，国内外研究者主要就其可行性、节水增产功效与机理、果树果实品质、适宜指标、水分利用效率等问题进行了试验研究[1-15]。但综观国内外研究资料，RDI对经济产品品质的影响研究主要集中于果树等少数园艺作物的果实品质[16-21]，而关于RDI对大田粮食作物籽粒品质影响的研究报道资料甚为鲜见，这不能不说是RDI研究领域的缺憾。因为RDI的提出和实施的目的不仅仅是在于节水增产，更主要的是在于改善作物经济产品品质。鉴于此，笔者就RDI对专用型小麦籽粒产量和品质性状的影响进行了试验研究，旨在进一步充实和完善RDI理论，为建立作物节水高产、优质高效RDI综合指标与模式提供技术参数和理论依据。

5.1 材料与方法

5.1.1 供试材料

2006年10月至2007年6月以优质冬小麦（*Triticum aestivum* L.）为试验材料，供试品种为中筋麦豫麦49-198，品种由河南省农业科学院小麦研究所提供。

5.1.2 试验方法

试验在中国农业科学院农田灌溉研究所作物需水量试验场进行，以启闭式大型防雨棚下筒栽试验为主。采用筒测土培法，测筒为圆柱形，内径66cm，深95cm，埋入土中，上沿高出地面10.0cm；底部铺20cm厚的沙过滤层，每个筒内两侧各设置1根直径3cm的供（排）水管，管周围打有小孔，并用纱网包裹以防堵塞；按原状土层次装土，装土平均容重1.16g/cm^3，田间持水量

24%；0～30cm土层有机质含量9.3g/kg，全氮0.98g/kg，碱解氮44.02mg/kg，速效磷6.2mg/kg，速效钾112mg/kg，土壤质地为壤土，每筒混入1 000g优质农家肥，全生育期每筒放N 28.0g，P_2O_5 14.0g，K_2O 21.0g，其中N 1/2基施，1/2追施。精选种子，于10月16日浸后播种，每筒150粒，双行种植，出苗后至三叶期定苗，每筒留苗100株，并开始水分处理。采用二因素随机区组设计，冬小麦设置5个水分调亏（亏缺）阶段：三叶—越冬（Ⅰ），越冬—返青（Ⅱ），返青—拔节（Ⅲ），拔节—抽穗（Ⅳ），抽穗—成熟（Ⅴ）；每个调亏阶段设置3个水分调亏程度：轻度调亏（L），中度调亏（M）和重度调亏（S），土壤相对含水量（占田间持水量的百分数）分别为60%～65%FC（Field Capacity），50%～55%FC和40%～45%FC；共5×3＝15个处理组合，重复6次（3次用于取样测定，3次用于收获计算生物产量与籽粒产量及测定品质）；设对照（CK，相对含水量75%～85%FC）6筒；调亏阶段灌水按处理设计水平（低于下限灌至上限），其余阶段按对照水平（75%～85%FC）控制水分。三叶期开始水分处理，用时域反射仪（TDR）和取土烘干法监测土壤水分（测筒装土时按0～20cm、20～40cm、40～60cm、60～80cm 4个层次埋设波导探头），用水量平衡法确定蒸发蒸腾量，当各筒土壤水分低于设计下限时用软管供水，水表计量，加水至上限，记录各筒每次加水量，由水量平衡方程计算各时期总的耗水量。

5.1.3 取样时间

冬小麦籽粒收获后，经1个月的生理后熟，进行品质特性（蛋白质含量及其组分、氨基酸含量及其组分等指标）的测定。

5.1.4 测定项目

（1）蛋白质含量。采用GB 2905—1982谷类、豆类作物种子粗蛋白质测定法（半微量凯氏定氮法）。

（2）蛋白质含量及其组分。籽粒风干制粉后，用5%的三氯乙酸在90℃水浴中沉淀蛋白质，用蒸馏水、10%NaCl、75%乙醇和0.2%NaOH提取清蛋白、球蛋白、醇溶蛋白和麦谷蛋白，然后用半微量凯氏定氮法测定蛋白氮含量（李合生，2000）。

（3）氨基酸含量及组分。采用茚三酮染色法测定，采用仪器设备为氨基酸分析仪（日立L-8800全自动氨基酸分析仪）、分离柱（标准蛋白质水解法分离柱，可以分离18种氨基酸）。

（4）降落值。按国际谷物化学学会（AACC）56-61标准测定。

5.2 结果与分析

5.2.1 RDI对冬小麦籽粒蛋白质含量的影响

蛋白质是小麦籽粒品质的主要指标之一。土壤水分状况、降水量和灌溉等对小麦籽粒品质形成均有显著的调控作用。国内外许多研究认为，土壤含水量与小麦蛋白质含量呈负相关，主要原因在于，土壤水分过多容易冲掉小麦根部的硝酸盐，使氮素供应不足和延长营养运转时间而降低蛋白质产量[22-24]。随着灌水量增加，籽粒产量和蛋白质产量增加，而由于淀粉的“稀释效应”使蛋白质含量有所下降，干旱多数情况下会使蛋白质含量有所提高，却使籽粒产量和蛋白质产量有所下降。土壤水分状况与小麦产量和品质密切相关，土壤水分含量过多或过少不仅影响小麦产量的提高，而且也不利于小麦籽粒品质的改善。目前，水分已成为调控小麦籽粒产量和品质形成的关键因子之一。这里报道的是RDI对专用型小麦籽粒蛋白质含量的调控效应。

如图5-1所示，不同阶段水分调亏对籽粒蛋白质含量的影响有所不同。在阶段Ⅰ，轻、中度调亏蛋白质含量比CK低0.75～0.97个百分点，差异达显著水平；重度调亏比CK略高，但差异不显著。在阶段Ⅱ，各调亏处理蛋白质含量均比CK低，其中，轻度调亏低0.87个百分点，差异达显著水平；中、重度调亏分别低0.47个百分点和0.49个百分点，差异均不显著。在阶段Ⅲ，各调亏处理均比CK低，其中，轻度调亏低0.37，差异不显著；中度调亏低0.69，差异达显著水平；重度调亏低0.23，差异不显著。在阶段Ⅳ，随调亏度加重蛋白质含量呈提高趋势（提高幅度为1.01～1.17个百分点），各调亏处理间差异不显著，但与CK差异均达极显著水平。显然，此阶段是水分调亏调控蛋白质含量的适宜阶段。在阶段Ⅴ，轻度水分调亏比CK低0.85个百分点，差异达显著水平；中度调亏与CK接近；重度调亏比CK高1.01个百分点，差异达极显著水平，说明这一阶段也是水分调亏调控蛋白质的较为适宜阶段。

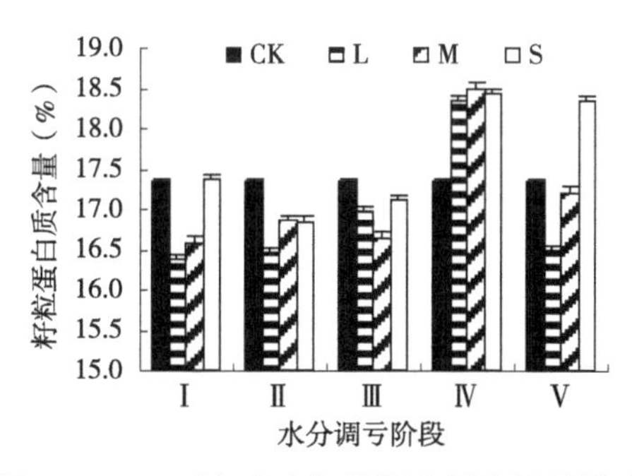

图5-1　RDI对冬小麦籽粒蛋白质含量的影响

上述结果表明，本试验结果与已有许多研究结论不尽一致。在全生育期控水条件下得到的试验结果是“土壤含水量与小麦蛋白质含量呈负相关”[22-24]。而在本试验“变水”条件下土壤含水量与小麦蛋白质含量的关系比较复杂，即不同生育阶段控水对蛋白质的影响存在明显差异性，只有在拔节—抽穗期“土壤含水量与小麦蛋白质含量呈负相关”的结论才基本存在。因此认为，土壤含水量与小麦蛋白质的关系并非是简单的线性关系，二者的确切关系及机理值得进一步深入研究。

5.2.2　RDI对冬小麦籽粒氨基酸含量的影响

氨基酸也是小麦籽粒品质的重要指标之一。一般认为，氨基酸含量越高小麦籽粒营养价值越高，但氨基酸含量也受环境因素的影响。水分变化对氨基酸含量产生重要作用。如图5-2所示是RDI条件下氨基酸的变化动态。从总体上看，无论哪个阶段施加水分调亏都可以提高氨基酸含量，而且在抽穗期（Ⅳ）以前，无论水分调亏度如何，随着调亏阶段的推迟氨基酸含量呈增加趋势，至抽穗期达最大值，之后呈下降趋势。

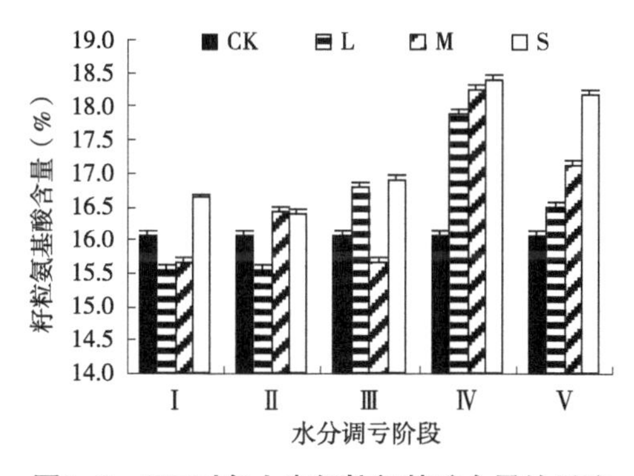

图5-2　RDI对冬小麦籽粒氨基酸含量的影响

具体分析各调亏阶段，与RDI对蛋白质含量影响的情况基本相似，表明在RDI条件下，蛋白质含量与氨基酸含量的变化是同步的。在阶段Ⅰ，轻、中度调亏处理氨基酸含量比CK低0.39～0.50个百分点，但差异不显著；重度调亏比CK高0.57个百分点，差异达显著水平。在阶段Ⅱ，轻度调亏比CK低0.52个百分点，达显著水平，中、重度调亏比CK高0.35～0.37个百分点，但差异不显著。在阶段Ⅲ，轻、重度调亏比CK高0.75～0.86个百分点，差异达显著水平；中度调亏比CK低0.41个百分点，差异不显著。在阶段Ⅳ，随调亏度加重氨基酸含量呈提高趋势，提高幅度为1.83～2.34个百分点，各调亏处理比CK增加达极显著水平。显然，此阶段是水分调亏调控氨基酸含量的适宜阶段。在阶段Ⅴ，各调亏处理比CK高，而且随调亏度加重氨基酸呈提高趋势，提高幅度为0.45～2.12个百分点，其中，轻度调亏与CK相比增加不显著，中度调亏增加达显著水平，重度调亏增加达极显著水平，说明这一阶段也是水分调亏调控氨基酸含量的较为适宜阶段。

对冬小麦成熟期籽粒氨基酸含量与不同调亏阶段土壤相对含水量的关系进行拟合，其拟合模型可表示为式（5-1）。

$$y = bx + a \tag{5-1}$$

式中，y表示氨基酸含量，x表示土壤相对含水量（%），a为回归截距，b为线性回归系数。

从拟合模型参数（表5-1）可以看出，籽粒氨基酸含量与调亏阶段Ⅴ的土壤相对含水量呈显著线性负相关，与其余调亏阶段土壤水分关系不密切。而回归直线的斜率表示氨基酸含量对土壤水分变化的敏感程度，即回归直线斜率越大，表示氨基酸含量对此阶段水分变化越敏感。由此也可以看出，籽粒氨基酸含量对阶段Ⅳ和Ⅴ的水分调亏均较为敏感（回归直线斜率分别为-7.37和-6.96）。

表5-1　冬小麦成熟期籽粒氨基酸含量与土壤相对含水量关系拟合模型

生育阶段	回归方程	相关系数	斜率	样本数（n）
Ⅰ	$y=-1.82x+17.143$	$R^2=0.2361$	-1.82	4
Ⅱ	$y=-1.94x+17.351$	$R^2=0.3620$	-1.94	4
Ⅲ	$y=-1.42x+17.263$	$R^2=0.0908$	-1.42	4
Ⅳ	$y=-7.37x+22.418$	$R^2=0.7768$	-7.37	4
Ⅴ	$y=-6.96x+21.469$	$R^2=0.9599$*	-6.96	4

5.2.3 RDI对冬小麦籽粒赖氨酸含量的影响

赖氨酸是人体必需氨基酸之一，是粮谷类食物的第一限制氨基酸。有研究表明如在面粉中添加赖氨酸0.2%，面粉蛋白的生物价值可由47提高到71，可见赖氨酸的价值是何等重要。

图5-3所示是本试验条件下RDI对小麦籽粒赖氨酸含量的影响结果。总体上看，与RDI条件下氨基酸总量的变化动态相似，即无论在哪个生育阶段实施适度水分调亏都可以较明显地提高赖氨酸含量，而且在抽穗期（Ⅳ）以前随调亏阶段推迟赖氨酸含量呈提高趋势，至抽穗期达最大值，之后开始下降。

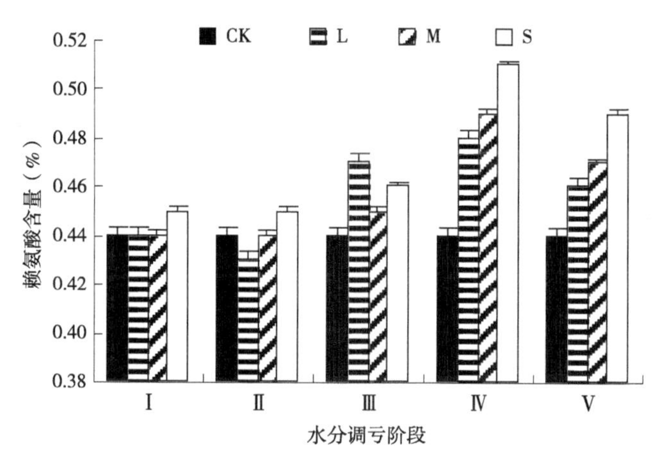

图5-3 RDI对冬小麦籽粒赖氨酸含量的影响

具体分析各生育阶段，水分调亏对赖氨酸含量的调节效应又存在差异性。在阶段Ⅰ，轻、中度调亏赖氨酸含量与CK相同，重度调亏比CK高0.01个百分点，差异不显著。在阶段Ⅱ，轻度调亏比CK低0.01个百分点，中度调亏与CK相同，重度调亏比CK高0.01个百分点，但各处理间差异均不显著。在阶段Ⅲ，轻度调亏比CK高0.03个百分点，达显著水平；中、重度调亏分别比CK高0.01个百分点和0.02个百分点，但差异不显著。在阶段Ⅳ，随调亏度加重赖氨酸含量呈提高趋势，提高幅度为0.04～0.07个百分点，各调亏处理比CK增加达极显著水平。显然，此阶段是水分调亏调控赖氨酸含量的适宜阶段。在阶段Ⅴ，各调亏处理比CK高，而且随调亏度加重赖氨酸含量呈提高趋势，提高幅度为0.02～0.05个百分点，其中，轻度调亏与CK相比增加不显著，中度调亏增加达显著水平，重度调亏增加达极显著水平，说明这一阶段也是水分调亏调控赖氨酸含量的较为适宜阶段。

对冬小麦成熟期籽粒赖氨酸含量与不同调亏阶段土壤相对含水量的关系进行拟合（表5-2），从拟合模型参数可以看出，籽粒赖氨酸含量与调亏阶段Ⅳ和Ⅴ的土壤水分呈显著和极显著线性负相关，与其余阶段土壤水分变化关系不密切。而回归直线的斜率表示赖氨酸含量对土壤水分变化的敏感程度，即回归直线斜率越大，表示赖氨酸含量对此阶段水分调亏越敏感。由此也可以看出，赖氨酸含量对阶段Ⅳ和Ⅴ水分调亏均较为敏感（回归直线斜率分别为-0.22和-0.16）。

表5-2　冬小麦成熟期籽粒赖氨酸含量与不同调亏阶段土壤相对含水量关系拟合模型

生育阶段	回归方程	相关系数	斜率	样本数（n）
Ⅰ	$y=-0.03x+0.462$	$R^2=0.600\ 0$	-0.03	4
Ⅱ	$y=-0.04x+0.466$	$R^2=0.400\ 0$	-0.04	4
Ⅲ	$y=-0.04x+0.481$	$R^2=0.160\ 0$	-0.04	4
Ⅳ	$y=-0.22x+0.623$	$R^2=0.930\ 8$*	-0.22	4
Ⅴ	$y=-0.16x+0.569$	$R^2=0.984\ 6$**	-0.16	4

5.2.4　RDI对冬小麦籽粒降落值的影响

降落值与α-淀粉酶活性呈极显著负相关，作为表征小麦α-淀粉酶活性的重要指标，已受到广泛关注[25-33]。降落值也是与穗发芽相关的重要指标[29-31, 33-37]。前人通过α-淀粉酶活性变化研究穗发芽问题[29-31, 25-35, 38]。降落值除受基因型决定外[25]，环境条件对其影响显著[25-28, 36]。有研究认为施氮与施钼可提高α-淀粉酶活性，从而增加穗发芽率[34, 38]。生长期降水适度增多能得到适宜成熟籽粒降落值[25]，但降水偏多易引起其降低及穗发芽发生率增高，干旱条件下则相反。

本研究旨在定量揭示籽粒降落值对不同生育阶段土壤水分变化的响应，这对进一步探索小麦品质形成和穗发芽机理，指导优质小麦生产、品质加工与储藏均具非常重要的意义。

如图5-4所示是RDI条件下优质小麦成熟期籽粒降落值。总体上看，大多数水分调亏处理的籽粒降落值都不同程度地低于CK，幅度在0.47%～18.84%；

只有阶段Ⅲ的中度调亏籽粒降落值比CK高2.79%，重度调亏与CK相同。具体分析各调亏阶段又存在差异性。在阶段Ⅰ，各调亏处理籽粒降落值比CK下降幅度为2.33%～8.37%，其中，中度调亏降落值与CK差异达显著水平。在阶段Ⅱ，各调亏处理籽粒降落值比CK下降幅度为1.63%～3.02%，差异均不显著。在阶段Ⅲ，轻度调亏下降3.95%，中度调亏比CK提高2.79%，重度调亏与CK相同，各处理间差异不显著。在阶段Ⅳ，各调亏处理与CK相比下降幅度为7.91%～18.84%，其中，轻、中度调亏与CK差异达显著水平，重度调亏与CK差异达极显著水平。在阶段Ⅴ，各调亏处理与CK相比下降幅度为0.47%～7.91%，其中，中度调亏与CK差异达显著水平。

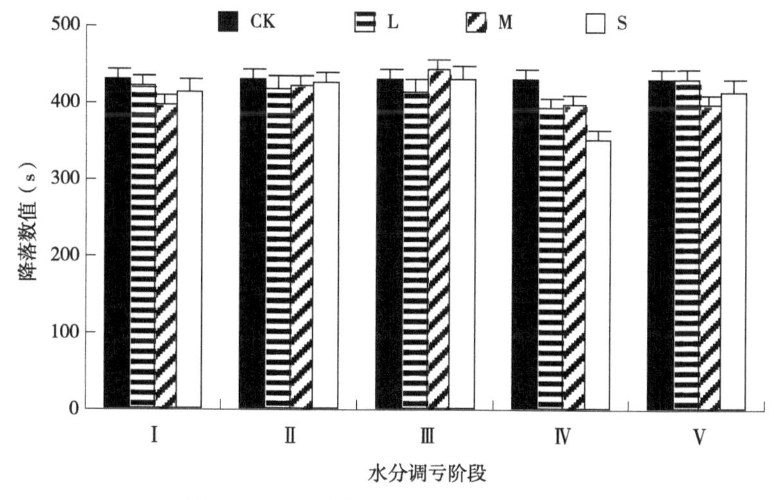

图5-4 RDI对冬小麦籽粒降落值的影响

上述结果表明，小麦成熟期籽粒降落值对阶段Ⅳ的水分调亏最为敏感，阶段Ⅰ和阶段Ⅴ的中度水分调亏也会使籽粒降落值明显减小。

5.2.5 RDI对冬小麦籽粒产量和蛋白质及氨基酸产量的影响

表5-3所示是RDI条件下优质小麦籽粒产量、籽粒蛋白质和氨基酸产量的变化情况。总体上看，大多数水分调亏处理的籽粒产量低于CK，减产幅度为0.31%～70.13%，而且随着水分调亏阶段的推迟，籽粒产量对水分调亏度的反应越来越敏感。

表5-3 RDI对优质小麦成熟期籽粒产量和蛋白质及氨基酸产量的影响

调亏阶段	调亏度	籽粒		蛋白质		氨基酸		赖氨酸	
		产量（g/筒）	比CK ±（%）	产量（g/筒）	比CK ±（%）	产量（g/筒）	比CK ±（%）	产量（g/筒）	比CK ±（%）
Ⅰ	CK	293.2	0.0	50.8	0.0	47.0	0.0	1.29	0.0
	L	310.8	6.0	50.8	0.1	48.3	2.8	1.37	6.0
	M	292.3	−0.3	48.5	−4.6	45.7	−2.7	1.29	−0.3
	S	259.4	−11.5	45.0	−11.4	43.1	−8.3	1.17	−9.5
Ⅱ	L	290.5	−0.9	47.8	−5.9	45.1	−4.1	1.25	−3.2
	M	262.4	−10.5	44.2	−12.9	43.1	−8.4	1.15	−10.5
	S	240.3*	−18.0	40.5*	−20.4	39.4	−16.2	1.08	−16.2
Ⅲ	L	299.2	2.1	50.7	−0.1	50.2	6.9	1.41	9.0
	M	260.7	−11.1	43.4	−14.6	40.7	−13.3	1.17	−9.1
	S	224.8**	−23.3	38.4**	−24.3	38.0**	−19.2	1.03*	−19.8
Ⅳ	L	222.1**	−24.2	40.7*	−19.8	39.7	−15.5	1.07*	−17.3
	M	160.2**	−45.4	29.6**	−41.7	29.2**	−37.9	0.78**	−39.2
	S	87.6**	−70.1	16.1**	−68.2	16.1**	−65.7	0.45**	−65.4
Ⅴ	L	288.1	−1.7	47.5	−6.6	47.5	1.1	1.33	2.7
	M	207.3**	−29.3	35.7**	−29.8	35.4**	−24.6	0.97**	−24.5
	S	158.6**	−45.9	29.1**	−42.8	28.8**	−38.7	0.78**	−39.8

注：*，**分别表示与CK差异达0.05和0.01显著水平。下同。

具体分析各调亏阶段又存在明显差异性。在阶段Ⅰ，轻度调亏籽粒产量比CK高6.0%，中、重度调亏分别比CK低0.3%和11.5%，但差异均不显著，其中，轻度调亏比重度调亏增产达显著水平，说明此阶段水分调亏对籽粒产量不会有明显不利影响。在阶段Ⅱ，随调亏度加重籽粒产量降低，与CK相比减产幅度为0.9%～18.0%，其中，轻、中度调亏减产不显著，重度调亏减产达显著水平，说明此阶段轻、中度水分调亏不会引起显著减产。在阶段Ⅲ，轻度调亏比CK增产2.1%，但差异不显著，中、重度调亏分别比CK减产11.1%和23.3%，其中，中度调亏减产不显著，重度调亏减产达极显著水平。在阶段Ⅳ，随调亏度加重籽粒产量呈明显下降趋势，各调亏处理与CK相比减产幅度为24.2%～70.1%，减产均达极显著水平，说明此阶段水分调亏对籽粒产量最为不利。在阶段Ⅴ，各调亏处理与CK相比下降幅度为1.7%～45.9%，其中，轻度调亏减产不显著，中、重度调亏减产达极显著水平。

蛋白质产量、氨基酸产量和赖氨酸产量等籽粒品质指标对各阶段水分调亏度的反应与籽粒产量呈基本相似规律。

对优质冬小麦成熟期籽粒产量和蛋白质及氨基酸等产量与不同调亏阶段土壤相对含水量的关系进行模拟（表5-4），从拟合模型参数可以看出，籽粒产量与调亏阶段Ⅱ和Ⅴ的土壤水分状况呈显著线性正相关，与阶段Ⅳ的土壤水分状况呈极显著线性正相关，与其余阶段土壤水分状况关系不密切。而回归直线的斜率表示籽粒产量对土壤含水量变化的敏感程度，即回归直线斜率越大，表示籽粒产量对此阶段水分调亏越敏感。由此也可以看出，籽粒产量对阶段Ⅳ和Ⅴ水分调亏均较为敏感（回归直线斜率分别为678.70和484.63）。蛋白质产量与调亏阶段Ⅱ和Ⅳ的土壤相对含水量呈极显著线性正相关，与阶段Ⅴ的土壤相对含水量呈显著线性正相关；从回归直线斜率也可以看出，蛋白质产量对阶段Ⅳ和Ⅴ的土壤相对含水量变化较为敏感（回归直线斜率分别为115.12和76.98）。氨基酸产量与阶段Ⅱ的土壤相对含水量呈线性显著正相关，与阶段Ⅳ的土壤相对含水量呈线性极显著正相关；从回归直线斜率判断，氨基酸产量对阶段Ⅳ和Ⅴ的土壤相对含水量变化较为敏感（回归直线斜率分别为103.29和66.77）。赖氨酸对不同阶段土壤相对含水量变化的反应与氨基酸呈相似规律。

表5-4　优质冬小麦成熟期籽粒产量和蛋白质及氨基酸等产量与不同阶段土壤水分关系拟合模型

产量与品质指标	生育阶段	回归方程	相关系数	斜率
籽粒	Ⅰ	$y=119.87x+211$	$R^2=0.520\,6$	119.87
	Ⅱ	$y=186.72x+150.21$	$R^2=0.924\,1$*	186.72
	Ⅲ	$y=243.55x+111.17$	$R^2=0.843\,3$	243.55
	Ⅳ	$y=678.7x-250.4$	$R^2=0.999\,1$**	678.70
	Ⅴ	$y=484.63x-78.245$	$R^2=0.917\,5$*	484.63
蛋白质	Ⅰ	$y=19.72x+35.97$	$R^2=0.862\,3$	19.72
	Ⅱ	$y=34.60x+23.341$	$R^2=0.997\,4$**	34.60
	Ⅲ	$y=44.45x+16.952$	$R^2=0.902\,3$	44.45
	Ⅳ	$y=115.12x-40.504$	$R^2=0.995\,4$**	115.12
	Ⅴ	$y=76.98x-9.281\,3$	$R^2=0.961\,1$*	76.98
氨基酸	Ⅰ	$y=14.38x+36.692$	$R^2=0.693\,8$	14.38
	Ⅱ	$y=24.95x+27.421$	$R^2=0.973$*	24.95
	Ⅲ	$y=36.58x+20.226$	$R^2=0.706\,2$	36.58
	Ⅳ	$y=103.29x-34.138$	$R^2=0.984\,7$**	103.29
	Ⅴ	$y=66.77x-3.715\,4$	$R^2=0.885\,4$	66.77
赖氨酸	Ⅰ	$y=0.449\,6x+0.985\,4$	$R^2=0.493\,4$	0.449 6
	Ⅱ	$y=0.720\,4x+0.725\,4$	$R^2=0.979\,6$*	0.720 4
	Ⅲ	$y=1.000\,4x+0.575\,6$	$R^2=0.656\,7$	1.000 4
	Ⅳ	$y=2.811\,1x-0.930\,3$	$R^2=0.991\,8$**	2.811 1
	Ⅴ	$y=1.89x-0.137$	$R^2=0.864\,2$	1.89

上述结果表明，优质小麦籽粒产量、蛋白质产量和氨基酸产量等品质指标对土壤相对含水量变化的反应是一致的。在冬小麦拔节以前施加轻或中度水分调亏，籽粒产量、蛋白质产量和氨基酸产量等不会显著降低甚或略有增产，过度调亏会显著减产；拔节以后的水分调亏会导致严重减产，尤其是拔节—抽穗期（Ⅳ），即使是轻度调亏也会导致严重减产；但灌浆期轻度调亏不会导致籽粒和蛋白质产量显著减少（分别减少1.7%和6.6%），而氨基酸产量略有增加（1.1%），并且节水效果显著。

5.2.6 RDI条件下冬小麦籽粒产量与品质性状间的关系

已有研究认为，小麦产量与品质之间存在明显的相关性[39-47]，如产量与蛋白质含量间一般存在显著的负相关[45, 48-52, 53]，但在适宜条件下二者有时也能够同步增长[54-56]。然而，有关小麦产量与品质指标间的相互关系多限于全生育期某一固定控制水分（静水）条件下的数据分析，而在不同生育阶段不同水分（变水）条件下这些相关性是否会发生改变尚缺乏研究。对于这一问题的深入解析和明确将有助于小麦籽粒品质的定向栽培调控和品种改良。为了解RDI对优质小麦产量与品质性状间关系的调控效应，笔者分别就不同生育阶段水分调亏条件下籽粒产量与品质性状间的相关性进行了试验与分析。结果表明，小麦产量与蛋白质含量并非总是存在显著的负相关性，在一定条件下可以减弱或改变这种关系；小麦产量与品质性状间的关系在不同阶段RDI条件下存在明显差异性。

在越冬前RDI条件下，籽粒产量与蛋白质含量呈不显著负相关，与氨基酸含量及赖氨酸含量呈显著负相关，与降落值呈微弱正相关（表5-5）。表明此阶段通过水分调控提高籽粒产量并不会明显降低籽粒蛋白质含量，反之亦然；同时可能提高降落值，但会显著降低氨基酸和赖氨酸含量。

表5-5 越冬前RDI条件下优质小麦籽粒产量和品质性状间的相关性

品质性状	籽粒产量	蛋白质产量	氨基酸产量	赖氨酸产量	蛋白质含量	氨基酸含量	降落值	赖氨酸含量
籽粒产量	1.000 0	0.93*	1.00**	1.00**	−0.750 0	−0.93*	0.170 0	−0.92*
蛋白质产量	0.93*	1.000 0	0.93*	0.91*	−0.440 0	−0.770 0	0.430 0	−0.92*
氨基酸产量	1.00**	0.93*	1.000 0	1.00**	−0.740 0	−0.93*	0.170 0	−0.92*
赖氨酸产量	1.00**	0.91*	1.00**	1.000 0	−0.770 0	−0.93*	0.160 0	−0.89*
蛋白质含量	−0.750 0	−0.440 0	−0.740 0	−0.770 0	1.000 0	0.89*	0.410 0	0.590 0
氨基酸含量	−0.93*	−0.770 0	−0.93*	−0.93*	0.89*	1.000 0	0.200 0	0.90*
降落值	0.170 0	0.430 0	0.170 0	0.160 0	0.410 0	0.200 0	1.000 0	−0.050 0
赖氨酸含量	−0.92*	−0.92*	−0.92*	−0.89*	0.590 0	0.90*	−0.050 0	1.000 0

在越冬期RDI条件下，籽粒产量与蛋白质含量、降落值呈微弱正相关，与氨基酸含量和赖氨酸含量呈负相关，但达不到显著水平（表5-6），表明此阶段可通过RDI协调籽粒产量和品质性状间的关系，实现产量与品质的同步增长。

表5-6　越冬期RDI条件下优质小麦籽粒产量和品质性状间的相关性

品质性状	籽粒产量	蛋白质产量	氨基酸产量	赖氨酸产量	蛋白质含量	氨基酸含量	降落值	赖氨酸含量
籽粒产量	1.000 0	0.97**	1.00**	0.99**	0.120 0	−0.770 0	0.160 0	−0.820 0
蛋白质产量	0.97**	1.000 0	0.97**	0.99**	0.350 0	−0.630 0	0.370 0	−0.670 0
氨基酸产量	1.00**	0.97**	1.000 0	0.99**	0.100 0	−0.780 0	0.140 0	−0.830 0
赖氨酸产量	0.99**	0.99**	0.99**	1.000 0	0.250 0	−0.710 0	0.290 0	−0.730 0
蛋白质含量	0.120 0	0.350 0	0.100 0	0.250 0	1.000 0	0.450 0	0.96**	0.440 0
氨基酸含量	−0.770 0	−0.630 0	−0.780 0	−0.710 0	0.450 0	1.000 0	0.300 0	0.850 0
降落值	0.160 0	0.370 0	0.140 0	0.290 0	0.96**	0.300 0	1.000 0	0.440 0
赖氨酸含量	−0.820 0	−0.670 0	−0.830 0	−0.730 0	0.440 0	0.850 0	0.440 0	1.000 0

在返青期RDI条件下，籽粒产量与蛋白质含量呈微弱正相关，与氨基酸含量、赖氨酸含量及降落值均呈微弱负相关（表5-7），使产量与品质关系得到进一步改善，表明此阶段也是通过RDI实现产量和品质同步提高的适宜阶段。

表5-7　返青期RDI条件下优质小麦籽粒产量和品质性状间的相关性

品质性状	籽粒产量	蛋白质产量	氨基酸产量	赖氨酸产量	蛋白质含量	氨基酸含量	降落值	赖氨酸含量
籽粒产量	1.000 0	0.99**	1.00**	0.97**	0.180 0	−0.200 0	−0.500 0	−0.070 0
蛋白质产量	0.99**	1.000 0	0.98**	0.95*	0.300 0	−0.160 0	−0.520 0	−0.110 0
氨基酸产量	1.00**	0.98**	1.000 0	0.98**	0.140 0	−0.170 0	−0.530 0	0.000 0
赖氨酸产量	0.97**	0.95*	0.98**	1.000 0	0.100 0	−0.020 0	−0.650 0	0.170 0
蛋白质含量	0.180 0	0.300 0	0.140 0	0.100 0	1.000 0	0.370 0	−0.350 0	−0.290 0

（续表）

品质性状	籽粒产量	蛋白质产量	氨基酸产量	赖氨酸产量	蛋白质含量	氨基酸含量	降落值	赖氨酸含量
氨基酸含量	−0.200 0	−0.160 0	−0.170 0	−0.020 0	0.370 0	1.000 0	−0.740 0	0.750 0
降落值	−0.500 0	−0.520 0	−0.530 0	−0.650 0	−0.350 0	−0.740 0	1.000 0	−0.680 0
赖氨酸含量	−0.070 0	−0.110 0	0.000 0	0.170 0	−0.290 0	0.750 0	−0.680 0	1.000 0

在拔节期RDI条件下，籽粒产量与蛋白质含量呈负相关，接近显著水平；与氨基酸含量和赖氨酸含量均呈显著负相关（表5-8），表明此阶段难以通过RDI解决产量与品质之间的矛盾。

表5-8 拔节期RDI条件下优质小麦籽粒产量和品质性状间的相关性

品质性状	籽粒产量	蛋白质产量	氨基酸产量	赖氨酸产量	蛋白质含量	氨基酸含量	降落值	赖氨酸含量
籽粒产量	1.000 0	1.00**	1.00**	1.00**	−0.810 0	−0.88*	0.93*	−0.97**
蛋白质产量	1.00**	1.000 0	1.00**	1.00**	−0.770 0	−0.850 0	0.93*	−0.95*
氨基酸产量	1.00**	1.00**	1.000 0	1.00**	−0.780 0	−0.860 0	0.93*	−0.96*
赖氨酸产量	1.00**	1.00**	1.00**	1.000 0	−0.750 0	−0.840 0	0.92*	−0.94*
蛋白质含量	−0.810 0	−0.770 0	−0.780 0	−0.750 0	1.000 0	0.99**	−0.760 0	0.92*
氨基酸含量	−0.88*	−0.850 0	−0.860 0	−0.840 0	0.99**	1.000 0	−0.840 0	0.96**
降落值	0.93*	0.93*	0.93*	0.92*	−0.760 0	−0.840 0	1.000 0	−0.94*
赖氨酸含量	−0.97**	−0.95*	−0.96*	−0.94*	0.92*	0.96**	−0.94*	1.000 0

在灌浆期RDI条件下，籽粒产量是与蛋白质含量呈负相关，与降落值呈正相关，但均不显著；而籽粒产量与氨基酸含量呈极显著负相关，与赖氨酸含量呈显著负相关（表5-9），表明此阶段通过RDI也难以协调好产量与品质的关系。

表5-9 灌浆期RDI条件下优质小麦籽粒产量和品质指标间的相关性

品质性状	籽粒产量	蛋白质产量	氨基酸产量	赖氨酸产量	蛋白质含量	氨基酸含量	降落值	赖氨酸含量
籽粒产量	1.000 0	0.99**	1.00**	1.00**	−0.790 0	−0.97**	0.700 0	−0.92*
蛋白质产量	0.99**	1.000 0	0.99**	0.98**	−0.730 0	−0.97**	0.720 0	−0.95*
氨基酸产量	1.00**	0.99**	1.000 0	1.00**	−0.820 0	−0.96*	0.690 0	−0.90*
赖氨酸产量	1.00**	0.98**	1.00**	1.000 0	−0.830 0	−0.94*	0.700 0	−0.88*
蛋白质含量	−0.790 0	−0.730 0	−0.820 0	−0.830 0	1.000 0	0.760 0	−0.270 0	0.600 0
氨基酸含量	−0.97**	−0.97**	−0.96*	−0.94*	0.760 0	1.000 0	−0.540 0	0.98**
降落值	0.700 0	0.720 0	0.690 0	0.700 0	−0.270 0	−0.540 0	1.000 0	−0.570 0
赖氨酸含量	−0.92*	−0.95*	−0.90*	−0.88*	0.600 0	0.98**	−0.570 0	1.000 0

上述结果表明，籽粒产量与品质性状间既有统一性，又有对立性，在一定条件下这种关系又可以发生转化，因而高产与优质的矛盾并非不可协调。这为通过RDI对专用型小麦的品质实现“定向调控”提供了理论依据。

5.3 小结与讨论

（1）已有许多研究在全生育期控水，即“静水”条件下得到的结果是“土壤含水量与小麦蛋白质含量呈负相关”[22-24]。而本研究在某阶段控水，即“变水”条件下得到的结果表明，土壤含水量与小麦蛋白质含量的关系比较复杂，即不同生育阶段控水对蛋白质含量的影响存在显著差异性。在冬小麦拔节期以前的水分调亏基本上是降低蛋白质含量，只有拔节—抽穗期的土壤含水量与小麦蛋白质含量呈负相关关系，即随水分调亏度加重（土壤相对含水量降低）蛋白质含量呈提高趋势（提高幅度为1.01～1.17个百分点），各水分调亏处理间差异不显著，但与对照（充分供水处理）差异均达极显著水平。显然，此阶段是通过水分调亏调控蛋白质含量的适宜阶段。在灌浆期，轻度水分调亏蛋白质含量比对照低0.85个百分点，差异达显著水平；中度调亏与对照接近；

重度调亏比对照高1.01个百分点，差异达极显著水平，说明灌浆期也是通过水分调亏调控蛋白质含量的较为适宜阶段。因此认为，土壤含水量与小麦蛋白质含量的关系并非是简单的线性关系，二者的确切关系及机理值得进一步深入研究。

（2）无论哪个生育阶段施加适度水分调亏都可以提高氨基酸含量，而且在抽穗期（Ⅳ）以前，无论水分调亏度如何，随着调亏阶段的推迟氨基酸含量呈增加趋势，至抽穗期达最大值，之后呈下降趋势。试验结果还表明，在阶段Ⅳ（拔节—抽穗期），随水分调亏度加重氨基酸含量呈提高趋势，提高幅度为1.83～2.34个百分点，各调亏处理比CK增加均达极显著水平。显然，此阶段是通过水分调亏调控氨基酸含量的适宜阶段。在阶段Ⅴ（灌浆期），各调亏处理的氨基酸含量比CK高，而且随调亏度加重氨基酸含量呈提高趋势，提高幅度为0.45～2.12个百分点，其中，轻度调亏比CK增加不显著，中度调亏增加达显著水平，重度调亏增加达极显著水平，说明这一阶段也是通过水分调亏调控氨基酸含量的较为适宜阶段。通过对籽粒氨基酸含量与各调亏阶段土壤相对含水量的关系模拟看出，籽粒氨基酸含量与调亏阶段Ⅴ（灌浆期）的土壤相对含水量呈显著线性负相关，与调亏阶段Ⅳ（拔节—抽穗期）的土壤相对含水量也呈线性负相关，但未达显著水平，与其余调亏阶段土壤水分关系不密切。

（3）RDI条件下赖氨酸含量与氨基酸总量的变化动态相似，即无论在哪个生育阶段实施适度水分调亏都可以较明显地提高赖氨酸含量，而且在抽穗期（Ⅳ）以前随调亏阶段推迟赖氨酸含量呈增长趋势，至抽穗期达最大值，之后开始下降。拔节—抽穗期（Ⅳ）是通过水分调亏调控赖氨酸含量的最适宜阶段，灌浆期（Ⅴ）是通过水分调亏调控赖氨酸含量的较为适宜阶段。对冬小麦成熟期籽粒赖氨酸含量与各调亏阶段土壤相对含水量的关系进行模拟，结果表明，籽粒赖氨酸含量与拔节—抽穗期（Ⅳ）和灌浆期（Ⅴ）的土壤水分状况呈显著和极显著线性负相关，与其余阶段土壤水分状况关系不密切。

（4）本研究结果表明，优质小麦籽粒产量、蛋白质产量和氨基酸产量等品质指标对土壤水分状况的反应是基本一致的。在小麦拔节以前施加轻或中度水分调亏，籽粒产量、蛋白质产量和氨基酸产量等不会显著降低甚或略有增产，过度调亏会显著减产；拔节以后的水分调亏会导致严重减产，尤其是拔节—抽穗期（Ⅳ），即使是轻度调亏也会导致严重减产；但灌浆期轻度调亏不会导致籽粒明显减产，而且节水效果显著，对改善品质也十分有利。

（5）已有研究认为，小麦产量与品质之间存在明显的相关性[39-47]，如产量与蛋白质含量间一般存在显著的负相关[45-53]，但在适宜条件下二者有时也能够同步增长[54-56]。然而，有关小麦产量与品质指标间的相互关系多限于全生育期某一固定控制水分（静水）条件下的数据分析，而在不同生育阶段不同水分（变水）条件下这些相关性是否会发生改变尚缺乏研究。本研究结果表明，小麦产量与蛋白质含量并非总是存在显著的负相关性，在一定条件下可以减弱或改变这种关系；小麦产量与品质性状间的关系在不同阶段RDI条件下存在显著差异性。在越冬前RDI条件下，籽粒产量与蛋白质含量呈不显著负相关，与氨基酸含量及赖氨酸含量呈显著负相关，与降落值呈微弱正相关（表5-5），表明此阶段通过水分调控提高籽粒产量并不会明显降低籽粒蛋白质含量，反之亦然；同时可能提高降落值，但会显著降低氨基酸和赖氨酸含量。在越冬期RDI条件下，籽粒产量与蛋白质含量、降落值呈微弱正相关，与氨基酸含量和赖氨酸含量呈负相关，但达不到显著水平（表5-6），表明此阶段可通过RDI协调籽粒产量和品质性状间的关系，实现产量与品质的同步增长。在返青期RDI条件下，籽粒产量与蛋白质含量呈微弱正相关，与氨基酸含量、赖氨酸含量及降落值均呈微弱负相关（表5-7），使产量与品质关系得到进一步改善，表明此阶段也是通过RDI实现产量和品质同步提高的适宜阶段。在拔节期RDI条件下，籽粒产量与蛋白质含量呈负相关，接近显著水平，与氨基酸含量和赖氨酸含量均呈显著负相关（表5-8），表明此阶段难以通过RDI解决产量与品质之间的矛盾。在灌浆期RDI条件下，籽粒产是与蛋白质含量呈负相关，与降落值呈正相关，但均不显著；而籽粒产量与氨基酸含量呈极显著负相关，与赖氨酸含量呈显著负相关（表5-9），表明此阶段通过RDI也难以协调好产量与品质的关系。

上述结果表明，籽粒产量与品质性状间既有统一性，又有对立性，在一定条件下这种关系又可以发生转化，因而高产与优质的矛盾并非不可协调。初步证实了RDI提高优质小麦籽粒品质效应的真实存在，显示了RDI在优质小麦生产中“以水调质”的可行性，这为通过RDI对专用型小麦的品质实现“定向调控”提供了理论依据。

参考文献

[1] CHALMERS D J，VAN DEN ENDE B. Productivity of peach trees factors affecting dry-weight distribution during tree growth [J]. Ann Bot，1975，39：423-432.

[2] CHALMERS D J，WILSON I B. Productivity of peach trees：tree growth and water stress in relation to fruit growth and assimilate demand [J]. Ann Bot，1978，42：285-294.

[3] CHALMERS D J，MITCHELL P D，HEEK L. Control of peach tree growth and productivity by regulated water supply，tree density and summer pruning [J]. Journal of American Society for Horticultural Science，1981，106（3）：307-312.

[4] MITCHELL P D，CHALMER D J. The effect of Regulated water supply on peach tree growth and yields [J]. Journal of American Society for Horticultural Science，1982，107（5）：853-856.

[5] MITCHELL P D，JERIE P H，CHALMERS D J. The effects of regulated water deficits on pear growth，flowering，fruit growth and yield[J]. Journal of American Society for Horticultural Science，1984，109（5）：604-606.

[6] 曾德超，彼得·杰里. 果树调亏灌溉密植节水增产技术的研究与开发[M]. 北京：北京农业大学出版社，1994：5-6，13-14.

[7] 康绍忠，史文娟，胡笑涛. 调亏灌溉对玉米生理指标及水分利用效率的影响[J]. 农业工程学报，1998，14（4）：82-87.

[8] 孟兆江，刘安能，庞鸿宾，等. 夏玉米调亏灌溉的生理机制与指标研究[J]. 农业工程学报，1998，14（4）：88-92.

[9] 郭相平，刘才良，邵孝侯，等. 调亏灌溉对玉米需水规律和水分生产效率的影响[J]. 干旱地区农业研究，1999，17（3）：92-96.

[10] 郭相平，康绍忠. 玉米调亏灌溉的后效性[J]. 农业工程学报，2000，16（4）：58-60.

[11] 黄兴法，李光永，王小伟，等. 充分灌溉与调亏灌溉条件下苹果树微喷灌的耗水量研究[J]. 农业工程学报，2001，17（5）：43-47.

[12] 郭相平，康绍忠，索丽生. 苗期调亏处理对玉米根系生长影响的试验研

究[J]. 灌溉排水，2001，20（1）：25-27.

[13] 李光永，王小伟，黄兴法，等. 充分灌溉与调亏灌溉条件下桃树滴灌的耗水量研究[J]. 水利学报，2001（9）：55-58.

[14] 梁森，韩莉，李慧娴，等. 水稻旱作栽培方式及调亏灌溉指标试验研究[J]. 干旱地区农业研究，2002，20（2）：13-19.

[15] 庞秀明，康绍忠，王密侠. 作物调亏灌溉理论与技术研究动态及其展望[J]. 西北农林科技大学学报（自然科学版），2005，33（6）：141-146.

[16] 程福厚，李绍华，孟昭清. 调亏灌溉条件下鸭梨营养生长、产量和果实品质反应的研究[J]. 果树学报，2003，20（1）：22-26.

[17] 陈小青，徐胜利. 膜下调亏灌溉对新梨7号产量和品质的影响及其节水效应[J]. 山西果树，2004，98（2）：5-8.

[18] 马福生，康绍忠，王密侠，等. 调亏灌溉对温室梨枣树水分利用效率与枣品质的影响[J]. 农业工程学报，2006，22（1）：37-43.

[19] 郭海涛，邹志荣，杨兴娟，等. 调亏灌溉对番茄生理指标、产量品质及水分生产效率的影响[J]. 干旱地区农业研究，2007，25（3）：133-137.

[20] 常莉飞，邹志荣. 调亏灌溉对温室黄瓜生长发育、产量及品质的影响[J]. 安徽农业科学，2007，35（23）：7142-7144.

[21] 王锋，康绍忠，王振昌. 甘肃民勤荒漠绿洲区调亏灌溉对西瓜水分利用效率、产量与品质的影响[J]. 干旱地区农业研究，2007，25（4）：123-129.

[22] 程宪国，汪德水，张美荣，等. 不同土壤水分条件对冬小麦生长及养分吸收的影响[J]. 中国农业科学，1996，29（4）：67-74.

[23] 王月福，陈建华，曲健磊，等 土壤水分对小麦籽粒品质和产量的影响[J]. 莱阳农学院学报，2002，19（1）：7-9.

[24] 张宝军，樊虎玲. 环境条件对小麦蛋白质的影响研究进展[J]. 水土保持研究，2002，9（2）：61-63.

[25] GRAUSGRUBER H，OBERFORSTER M，WERTEKER M. Stability of quality traits in Austrian-grown winter wheat[J]. Field Crops Research，2000，66：257-267.

[26] ALARU M，LAUR U，JAAMA E. Influence of nitrogen and weather conditions on the grain quality of winter triticale[J]. Agron Res，2003，1：3-10.

［27］ KETTLEWELL P S，CASHMAN M M. Alpha-amylase activity of wheat grain from crops differing in grain drying rate[J]. J Agric Sci，1997，128：127–134.

［28］ LUNN G D，MAJOR B J，KETTLEWELL P S. Mechanisms leading to excess alpha-amylase activity in wheat（*Triticum aestivum* L.）grain in the U K[J]. J Cereal Sci，2001，33：313–329.

［29］ 张新生，胡汉桥，杨德光. 春小麦α-淀粉酶及抑制蛋白与穗发芽的关系[J]. 吉林农业大学学报，2003，25（2）：131–133.

［30］ 孙果忠，闫长生，肖世和. 小麦穗发芽机制研究进展[J]. 中国农业科技导报，2003，5（6）：13–18.

［31］ XIAO S H，ZHANG X Y，YAN C S. Germplasm improvement for pre-harvest sprouting resistance in Chinese white-grained wheat：an overview of the current strategy[J]. Euphytica，2002，126：35–38.

［32］ 王若兰. 芽麦α-酶活性研究[J]. 郑州工程学院学报，2000，21（4）：18–21.

［33］ 兰秀锦，郑有良，刘登才，等. 小麦抗穗发芽研究方法的初步评价[J]. 四川农业大学学报，2004，22（2）：121–125.

［34］ 秦代红. 小麦抗发芽生理[J]. 植物生理学通讯，1990（6）：62–64.

［35］ MARAIS G F，KRUIS W. Pre-harvest sprouting—The South African situation for seed dormancy in barley[A]//Third international symposium on pre-harvest sprouting in cereals[M]. New York：Routledge，2019：267–273.

［36］ JESTIN L，BONHOMME H. Genetic variation，G × E interaction and selection response for Hagberg falling number in triticale：Today and tomorrow[M]. Kluwer Academic Publishers，Netherlands，1996：609–613.

［37］ EVERS A D. The relationship between α-amylase and grain volume of wheat[J]. J Cereal Sci，1995，21：1–3.

［38］ 秦代红. 小麦抗发芽特性[J]. 四川农业大学学报，1989，7（8）：188–190.

［39］ BASSETT L M，ALLAN R E，RUBENTHALER G I. Genotype × environment interactions on soft white winter wheat quality[J]. Agronomy J，1989，81：955–960.

［40］ BENZIAN B，LANE P W. Protein content of grain in relation to some weather and soil factors during 17 years of English winter-wheat experiments[J]. J Sci Food Agric，1986，37：435–444.

［41］蔡大同，王义柄，茆泽圣，等. 播期和氮肥对不同生态系统优质小麦品种产量和品质的影响[J]. 植物营养与肥料学报，1994，9（1）：72–83.

［42］范金萍，吕国锋，张伯桥. 播期对小麦主要品质性状的影响[J]. 安徽农业科学，2003，31（1）：23–24.

［43］郭天财，彭羽，朱云集，等. 播期对冬小麦品质的影响[J]. 耕作与栽培，2001（2）：19–20.

［44］郭天财，张学林，樊树平，等. 不同环境条件对三种筋型小麦品质性状的影响[J]. 应用生态学报，2003，4（6）：917–920.

［45］荆奇，姜东，戴廷波，等. 基因型与生态环境对小麦籽粒品质与蛋白质组分的影响[J]. 应用生态学报，2003，14（10）：1649–1653.

［46］金善宝. 小麦生态学理论与实践[M]. 杭州：浙江科学技术出版社，1992：167–181.

［47］林素兰. 环境条件及栽培技术对小麦品质的影响[J]. 辽宁农业科学，1997（2）：30–31.

［48］SPIERTZ J H J. The influence of temperature and light intensity on grain growth in relation to the carbohydrate and nitrogen economy of the wheat plant[J]. Neth J Agric Sci，1977，25：182–197.

［49］TRIBIO E，ABAD A，MICHELENA A，et al. Environmental effects on the quality of two wheat genotypes. 1. Quantitative and qualitative variation of storage proteins[J]. Euro J Agron，2000，13（1）：47–64.

［50］王绍中，章练红，徐雪林，等. 环境生态条件对小麦品质的影响研究进展[J]. 华北农学报，1994，9（增刊）：141–144.

［51］WHEELER T R，BATTS G R，ELLIS R H，et al. Growth and yield of winter wheat（*Triticum aestivum*）crops in response to CO_2 and temperature[J]. J Agric Sci，1996，127：37–48.

［52］吴东兵，曹广才，强小林，等. 生育进程和气候条件对小麦品质的影响[J]. 应用生态学报，2003，14（8）：1296–1300.

［53］张艳，何中虎，周桂英，等. 基因型和环境对我国冬播麦区小麦品质性状的影响[J]. 中国粮油学报，1999，14（5）：1–5.

［54］COOPER M，WOODRUFF D R，PHILLIPS I G，et al. Genotype-by-management interactions for grain yield and grain protein concentration of

wheat[J]. Field Crops Res，2001，69：47-67.

[55] DANIEL J M，GUSTAVO A S. Individual grain weight responses to genetic reduction in culm length in wheat as affected by source-sink manipulations[J]. Field Crops Res，1995，43：55-66.

[56] DANIEL C，TRIBOY E. Changes in wheat protein aggregation during grain development：effects of temperatures and water stress[J]. Euro J Agron，2002，16（1）：1-12.

6 调亏灌溉与营养调节结合及其数学模型

调亏灌溉研究开展迄今，大多集中在调亏灌溉可行性、生态生理机制和调亏灌溉适宜指标等方面[1-5]，关于调亏灌溉与营养调节等农艺技术因素结合的研究尚未涉及。事实上，一种新的灌溉方法应有与之相配套的农艺技术组合，才能充分发挥其优越性。因此，笔者就此进行了探讨，旨在进一步充实和完善RDI理论，使其真正成为一门既有丰富理论基础，又有具体操作方法的学科方向。

6.1 材料与方法

6.1.1 供试材料

冬小麦（*Triticum aestivum* L.）品种为93中6，由中国农业科学院棉花研究所小麦育种栽培研究室选育与提供。

夏玉米（*Zea mays* L.）品种为郑单14，由河南省农业科学院玉米研究所培育与提供。

以棉花（*Gossypium hirsutum* L.）为试验材料，品种为美棉99B，由中国农业科学院棉花研究所提供。

6.1.2 试验方法

试验于2004—2007年在中国农业科学院农田灌溉研究所商丘实验站移动式防雨棚下进行，数据取3年平均值。

6.1.2.1 不同营养水平下的RDI试验

采用盆栽土培法，盆钵分母盆和子盆，母盆内径31.0cm，高38cm，埋入土中，上沿高出地面5.0cm；子盆内径29.5cm，高38cm。子盆底部铺5cm厚的沙过滤层，以调节下层土壤通气状况和水分条件。为防止土壤表面水分过量蒸发和土壤板结，子盆两侧各置放直径3cm的细管用于供水（细管周围有小孔）。每子盆装耕层土壤干重28kg，中壤土，中等肥力，田间最大持水量26%。

冬小麦、夏玉米营养水平均设4个等级：不施肥、低肥（每盆施N 2g+P_2O_5 2g+K_2O 2g）、中肥（每盆施N 3g+P_2O_5 3g+K_2O 3g）、高肥（每盆施N 4g+P_2O_5 4g+K_2O 4g）；设3个水分调亏度：轻度（L）、中度（M）和重度（S），土壤相对含水量（占田间持水量%）分别为60%～65%FC，50%～55%FC和40%～45%FC；设对照（CK，全生育期充分供水）相对含水量为70%～80%FC（冬小麦）和75%～80%FC（夏玉米）。冬小麦调亏时段为三叶—拔节，玉米亦为三叶—拔节。

6.1.2.2 秸秆覆盖条件下的RDI试验

采用盆栽土培法，盆钵分母盆和子盆，母盆内径31.0cm，高38cm，埋入土中，上沿高出地面5.0cm；子盆内径29.5cm，高38cm，子盆底部铺5cm厚的沙过滤层，以调节下层土壤通气状况和水分条件。为防止土壤表面水分过量蒸发和土壤板结，子盆两侧各置放直径3cm的细管用于供水（细管周围有小孔）。每子盆装耕层土壤干重28kg，中壤土，中等肥力，田间最大持水量26%。

以冬小麦为材料，采用二因素（RDI和秸秆覆盖）随机试验设计，RDI设轻（L）、中（M）、重（S）3个水分调亏度，土壤相对含水量分别为60%～65%FC，50%～55%FC和40%～45%FC；另设1个丰水灌溉（CK，全生育期充分供水，相对含水量为70%～80%FC）；秸秆覆盖设盖秸和不盖秸2个水平，共8个处理组合，重复3次。

6.1.2.3 RDI与营养调节优化组合及其数学模型

（1）冬小麦试验。试验在防雨棚下测坑内进行。有底测坑18个，测坑上口面积3.33m^2（2m×1.66m），深1.8m，土层厚度1.5m，土层底部设置有20cm厚的沙石过滤层；测坑四周及底部通过混凝土防渗结构与周边土体隔离，可有效地排除垂向和侧向水分交换对试验的影响。测坑内土壤有机质9.3g/kg，全氮0.98g/kg，碱解氮44.02mg/kg，速效磷6.2mg/kg，速效钾112mg/kg，土壤质地为壤土，容重1.34g/cm^3，田间持水量26%。采用三因素正交旋转回归设计[6]，设置苗期水分调亏度（X_1，占田间持水量，%）、播种量（X_2，kg/hm^2）、N、P、K肥施用总量（X_3，kg/hm^2）3个因素各5个水平（表6-1）。氮肥为尿素，其中50%用作基肥，50%用作追肥；磷肥为磷酸二铵，全部作基肥施入；钾肥为硫酸钾，全部作基肥施入。各处理随机排列，每小区种10行，行距0.20m。中子仪和取土烘干法监测土壤水分，管道灌溉系统供水，水表计量。

表6-1　冬小麦RDI三因素旋转回归试验设计

处理		编码水平及实际值					
		△i	−1.682	−1	0	1	1.682
苗期水分调亏（FC%）		10	53.2	60	70	80	86.8
播量（kg/hm^2）		30	69.5	90	120	150	170.5
施肥量（kg/hm^2）	N	60	79.1	120	180	240	280.9
	P_2O_5	45	44.3	75	120	165	195.7
	K_2O	60	79.1	120	180	240	280.9

（2）夏玉米试验。试验在防雨棚下测坑内进行。有底测坑18个，测坑上口面积3.33m^2（2m × 1.66m），深1.8m，土层厚度1.5m，土层底部设置有20cm厚的沙石过滤层；测坑四周及底部通过混凝土防渗结构与周边土体隔离，可有效地排除垂向和侧向水分交换对试验的影响。测坑内土壤有机质9.3g/kg，全氮0.98g/kg，碱解氮44.02mg/kg，速效磷6.2mg/kg，速效钾112mg/kg, 土壤质地为壤土，容重1.34g/cm^3，田间持水量26%。采用三因素正交旋转回归设计，设置苗期水分调亏度（X_1，田间持水量，%）、植株群体密度（X_2，株/hm^2）、N、P、K肥施用总量（X_3，kg/hm^2）3个因素各5个水平（表6-2）。氮肥为尿素，其中50%拔节追施，50%孕穗追施；磷肥为磷酸二铵，全部作基肥施入；钾肥为硫酸钾，全部作基肥施入。各处理随机排列，每小区按不同处理设计密度定苗（13 ~ 23株/小区）。中子仪和取土烘干法监测土壤水分，管道灌溉系统供水，水表计量。

表6-2　夏玉米RDI三因素旋转回归试验设计

处理		编码水平及实际值					
		△i	−1.682	−1	0	1	1.682
苗期水分调亏（FC%）		10	53.2	60	70	80	86.8
密度（株/hm^2）		9 000	40 200	45 000	54 000	63 000	69 135
施肥量（kg/hm^2）	N	60	79.1	120	180	240	280.9
	P_2O_5	45	44.3	75	120	165	195.7
	K_2O	60	79.1	120	180	240	280.9

（3）棉花试验。试验在防雨棚下测坑内进行。有底测坑18个，测坑上口面积3.33m^2（2m × 1.66m），深1.8m，土层厚度1.5m，土层底部设置有20cm厚的沙石过滤层；测坑四周及底部通过混凝土防渗结构与周边土体隔离，可有效地排除垂向和侧向水分交换对试验的影响。测坑内土壤有机质9.3g/kg，全氮0.98g/kg，碱解氮44.02mg/kg，速效磷6.2mg/kg，速效钾112mg/kg，土壤质地为壤土，容重1.34g/cm^3，田间持水量26%。采用三因素5水平正交旋转回归设计（表6-3）。氮肥为尿素，其中50%用作基肥，50%用作追肥；磷肥为磷酸二铵，钾肥为硫酸钾，全部作基肥施入。各处理随机排列，每小区按不同处理设计密度定苗（13 ~ 23株/小区）。中子仪和取土烘干法监测土壤水分，管道灌溉系统供水，水表计量。

表6-3　棉花RDI三因素旋转回归试验设计

处理		编码水平及实际值					
		△i	−1.682	−1	0	1	1.682
苗期水分调亏（FC%）		10	53.2	60	70	80	86.8
密度（株/hm^2）		9 000	40 200	45 000	54 000	63 000	69 135
施肥量（kg/hm^2）	N	60	79.1	120	180	240	280.9
	P_2O_5	45	44.3	75	120	165	195.7
	K_2O	60	79.1	120	180	240	280.9

6.1.3 测定项目

（1）冬小麦产量构成因素。收获前一天每处理取样10株，重复3次，按室内常规考种方法测定。

（2）生物产量。干重法测定，即作物成熟后沿地面剪下植株地上部分，在鼓风烘箱内80℃下烘至恒重。

（3）籽粒产量。作物成熟后各处理实收3次重复，单收单脱，晒干后称重。

（4）经济系数。以经济产量（籽粒产量）占生物产量的比例表示。

（5）耗水量（mm）。盆栽采用电子台秤称重法测定土壤含水量，用水量平衡法确定蒸发蒸腾量，每天或隔天称重，当各盆土壤水分低于设计标准时用量杯加水，记录各盆每次加水量；测坑采用取土烘干法与中子仪法相结合测定土壤含水量，当土壤水分低于设计标准时灌水，并记录每个测坑每次灌水量；由水量平衡方程计算各阶段及全生育期总的耗水量。

（6）耗水系数。以作物生产的单位经济产量（籽粒重）所消耗的水分数表示，即作物耗水量与经济产量之比值（mm/kg）。

（7）水分利用效率。冬小麦、夏玉米的水分利用效率以单位耗水量生产的籽粒重表示；棉花以单位耗水量生产的籽棉产量表示。

（8）N素利用率。作物生长季节由肥料中吸收的N素占施入N素的百分数。

6.2 结果与分析

6.2.1 不同营养水平下的RDI

由表6-4可以看出，不同营养水平下RDI对小麦籽粒产量影响有明显差异。不施肥条件下，轻（L）、中（M）度调亏比对照（CK）略有增产，增幅为3.11%～3.46%，达不到显著水平；重（S）度调亏比CK减产达显著水平。低肥条件下，轻度调亏比CK显著增产，增产率达23.05%，中、重度调亏比CK减产2.4%～5.7%，但差异不显著。中肥条件下，轻度调亏比CK增产5.46%，达不到显著水平；中、重度调亏减产7.47%～9.20%，但差异也不显著。高肥条件下，轻度调亏减产达显著水平，中、重度调亏减产达极显著水平。在所有处理组合中，以低肥条件下的轻度（L）调亏籽粒产量最高（41.1g），究其原因，其穗数和千粒重均占明显优势，穗粒数也较为适中；其次是中肥条件下的

轻度（L）调亏（36.7g），其产量构成三因素均占较明显优势，且三因素间较均衡。从所有肥水组合的产量构成因素分析可以看出，在中、低营养水平条件下RDI产量性状较好，结构合理。生物产量随水分调亏度加重而降低，但在低肥条件下，轻度调亏生物产量比对照高，其机理有待进一步研究。无论营养水平如何，经济系数均随调亏度加重而提高。

表6-4　冬小麦不同营养水平与RDI组合产量构成因素

肥水组合		穗数（穗/盆）	穗粒数（粒/穗）	千粒重（g）	生物产量（g/盆）	籽粒理论产量（g/盆）	籽粒实际产量（g/盆）	经济系数
不施肥	CK	26	26.2	42.8	68.8	29.2	28.9	0.43
	L	26	25.7	44.2	67.5	29.5	29.9	0.44
	M	24	30.5*	40.4	54.5*	29.6	29.8	0.54*
	S	25	27.2	39.1	49.8**	26.6*	26.5*	0.53*
低肥	CK	28	28.7	43.2	86.0	34.7	33.4	0.39
	L	36*	27.7	44.9	95.5*	44.8*	41.1*	0.43
	M	25	30.5	41.6	52.1**	31.7	32.6	0.63**
	S	27	26.3	43.6	43.5**	31.0	31.5	0.72**
中肥	CK	33	27.8	43.7	89.2	40.1	34.8	0.39
	L	33	28.0	43.4	73.7*	40.1	36.7	0.50*
	M	26*	25.4	38.0*	45.7**	29.9**	31.6	0.69**
	S	30	25.0	38.5*	63.0**	28.9**	32.2	0.51*
高肥	CK	33	28.7	40.3	78.7	38.2	34.8	0.44
	L	31	26.3	41.8	71.8*	34.1*	30.1*	0.42
	M	29	26.7	40.9	58.9**	31.7*	25.3**	0.43
	S	24*	24.0*	40.3	36.3**	23.2**	19.9**	0.55*

注：*表示与对照（CK）差异在0.05水平上显著；**表示与对照（CK）差异在0.01水平上显著。

上述结果表明，在中等以下营养水平适度的水分调亏，籽粒产量不会明显降低，甚或显著增产和略有增产；而高营养水平下水分调亏，籽粒产量显著降低；同时，RDI与营养调节结合具有协同效应，有利于促进光合产物向籽粒运转与分配，降低有机合成物总量，提高经济产量。其中，以低、中等营养水平条件下RDI增产效果较好。

由表6-5可以看出，耗水量变化因营养水平不同而异。在不施肥和低肥条件下水分调亏基本不节水，仅低肥重度调亏处理节水12.43%；在中、高肥条件下，随水分调度加重耗水量呈明显递减趋势，节水效应十分显著，节水幅度分别为8.52%～29.74%和11.11%～33.00%。比较不同肥水组合生物产量和籽粒产量的耗水系数及水分利用效率（WUE），结果显示，中肥条件下水分调亏耗水系数最低，水分利用效率最高。在所有处理组合中，以中肥条件下中度水分调亏WUE最高（1.59g/kg），其次是中肥轻度水分调亏（1.42g/kg）和重度水分调亏（1.41g/kg）。

综上所述可以认为，冬小麦在中等营养水平下RDI较为有利，可实现节水增产高效综合目标；另外，低肥条件下的轻度水分调亏可显著增产，高肥条件下的轻度调亏可显著节水，生产实践中可因地制宜地选择运用。

表6-5　冬小麦不同营养水平与RDI组合水分利用效率

肥水组合		耗水量（kg/盆）	生物产量		籽粒产量	
			耗水系数（kg/g）	水分利用效率（g/kg）	耗水系数（kg/g）	WUE
不施肥	CK	28.51	0.41	2.41	0.99	1.01
	L	30.34	0.45	2.22	1.01	0.99
	M	28.90	0.53*	1.89	1.09	0.91
	S	28.92	0.58*	1.53*	1.09	0.92
低肥	CK	32.51	0.38	2.65	0.97	1.03
	L	34.42	0.36	2.77	0.84	1.19
	M	32.07	0.61**	1.63**	0.98	1.02
	S	28.47	0.65**	1.53**	0.90	1.11

（续表）

肥水组合		耗水量（kg/盆）	生物产量		籽粒产量	
			耗水系数（kg/g）	水分利用效率（g/kg）	耗水系数（kg/g）	WUE
中肥	CK	28.28	0.32	3.15	0.81	1.23
	L	25.87	0.35	2.85	0.70	1.42
	M	19.87**	0.43*	2.30*	0.63	1.59
	S	22.89*	0.36	2.75	0.71	1.41
高肥	CK	29.69	0.38	2.65	0.85	1.17
	L	26.39	0.37	2.72	0.88	1.14
	M	23.64*	0.40	2.49	0.93	1.07
	S	19.89**	0.55*	1.83*	1.00	1.00

注：*表示与对照（CK）差异在0.05水平上显著；**表示与对照（CK）差异在0.01水平上显著。

玉米试验结果（表6-6）表明，无论营养水平如何，随着土壤水分控制下限降低（即水分调亏度加重），耗水量呈降低趋势，但在中肥条件下，轻（L）、中（M）度水分调亏耗水量与对照（CK）基本无差异，这可能是复水后植株补偿吸水所致。水分利用效率（WUE）在不施肥条件下随水分调亏度加重而呈降低趋势，即RDI水分利用效率比对照低；在低、中、高肥条件下RDI水分利用效率高于或接近对照，尤其在中、高肥条件下RDI水分利用效率提高明显，其中以中肥条件下轻度（L）水分调亏水分利用效率最高（2.87g/kg）。经济产量变化趋势与WUE相似，在不施肥和低肥条件下RDI减产达显著或极显著水平，减产幅度分别为38.56%～70.68%和6.17%～46.88%。在中、高肥条件下轻（L）、中（M）度调亏显著增产，增产幅度分别为6.25%和25.47%；重度（S）水分调亏减产达极显著水平。

表6-6 夏玉米不同营养水平与RDI组合水分利用效率

营养水平	耗水（kg/盆）				籽粒产量（g/株）				水分利用效率（g/kg）			
	CK	L	M	S	CK	L	M	S	CK	L	M	S
不施肥	45.05	44.13	41.70	37.46*	127.2	78.15*	37.3**	57.7**	2.80	1.77*	0.89**	1.54**
低肥	57.05	53.05	50.16	35.71**	137.8	129.3	101.9*	73.2**	2.42	2.44	2.03	2.05
中肥	50.76	50.88	51.29	32.34**	137.5	146.1*	137.4	73.7**	2.71	2.87	2.68	2.28
高肥	44.53	44.24	42.92	22.41**	89.5	112.3*	106.8*	59.7**	2.01	2.54*	2.49*	2.66**

注：*表示与对照（CK）差异在0.05水平上显著；**表示与对照（CK）差异在0.01水平上显著。

上述结果表明，水分调亏与营养水平间存在明显互作效应，水分调亏的负面效应可通过合理施肥予以补偿；在中、高营养水平下的水分调亏比低营养水平下的水分调亏更有利于提高经济产量和水分利用效率，这与冬小麦的情况有所不同。

6.2.2 秸秆覆盖条件下的RDI

表6-7显示，盖秸与不盖秸2种条件下，耗水量均随水分调亏度加重而降低，但前者降低趋势更明显，前者RDI处理平均耗水量比CK降低10.9%，后者降低8.5%；前者RDI处理平均耗水量比后者RDI处理降低5.4%。显然，秸秆覆盖条件下的RDI节水效应更明显。这是因为，秸秆覆盖增大了土壤水垂直蒸发和乱流的阻力，迫使水分横向迁移，减少了水分的无效逃逸，从而达到了蓄水保墒的目的。

盖秸与否产量差异达极显著水平。无论是生物产量还是经济产量，盖秸各处理均比不盖秸各处理高，平均增幅分别为18.7%和28.3%，尤其值得注意的是前者的RDI处理不仅高于后者RDI处理，而且均高于后者的CK，生物产量高3.2%～17.1%，经济产量高19.0%～30.7%。与此相适应，两种条件的用水和用肥效果也迥然不同。

最高产量是一定条件下的作物生产潜力的标志。就本试验看，盖秸的最高产量是轻度（L）调亏（56.31g/盆），不盖秸的最高产量亦为轻度（L）调亏（42.37g/盆），但前者比后者高32.9%，这表明，盖秸后作物会更有效地利用水分和养分，有利于有机物质合成和转化，因而显著增产。

表6-7 RDI与秸秆覆盖结合条件下的冬小麦耗水量和WUE

	处理	耗水量（kg/盆）	生物产量（g/盆）	生物量水分利用效率（g/盆）	籽粒产量（g/盆）	经济系数	籽粒水分利用效率（g/kg）	N利用率（%）
盖秸	CK	32.95	105.60	3.21	50.73	0.48	1.54	42.7
	L	32.72	108.67	3.32	56.31	0.52	1.72	45.3
	M	28.65	97.92	3.42	46.70	0.48	1.63	36.3
	S	26.72	95.78	3.58	46.18	0.48	1.73	34.3
不盖秸	CK	33.89	92.82	2.74	38.82	0.42	1.15	32.0
	L	31.67	88.98	2.81	42.37	0.48	1.34	28.7
	M	31.17	85.06	2.73	39.49	0.46	1.27	25.7
	S	30.23	76.96	2.55	35.18	0.46	1.16	18.7

同一条件下，RDI处理与CK（充分灌溉）的产量差异可视作RDI效应，相同水分控制下限盖秸与不盖秸的产量差异则是盖秸效应。就前一效应而言，盖秸为11.0%，不盖秸为9.1%；就后一效应而言，平均为31.6%。以上结果表明，盖秸效应大于RDI效应，而盖秸后的RDI效应大于不盖秸的RDI效应。

水分利用效率（WUE）是评价RDI和农艺技术结合成败的关键指标。盖秸条件下WUE平均为1.66g/kg，不盖秸为1.23g/kg，两者相差0.43g/kg。就两种条件下最优的RDI处理（轻度调亏L）而言，盖秸WUE为1.72g/kg，不盖秸为1.34g/kg，两者相差0.38g/kg。

N肥利用率是评价作物对N素利用程度的客观标准。盖秸的平均为39.7%，不盖秸的为26.3%，相差13.4个百分点。就两种条件下最高N肥利用率比较，盖秸为45.3%，不盖秸为32.0%，两者相差13.3个百分点。

根据以上结果，可以认为，RDI与秸秆覆盖相结合，显著提高了作物用水和用肥的有效性，因而有显著的增产效果；秸秆覆盖对RDI具有显著的增效作用。

6.2.3 RDI与营养调节优化组合及其数学模型

6.2.3.1 冬小麦RDI与营养调节优化组合及其数学模型

（1）数学模型的建立和统计分析。调亏灌溉的目的在于提高经济产量和水分利用效率。依据旋转回归试验设计原理，分别以经济产量（Y）和水分利用效率（WUE）为目标函数进行运算，求得2个数学模型，见式（6-1）、式（6-2）。

$$\begin{aligned} \mathrm{Y} = {} & 6\,396 + 346.7X_1 + 216.4X_2 + 335X_3 - 150X_1X_2 - 75X_1X_3 + 75X_2X_3 \\ & - 67.2X_1^2 - 104.X_2^2 - 104.3X_3^2 \end{aligned} \tag{6-1}$$

$$\begin{aligned} \mathrm{WUE} = {} & 1.65 - 0.081X_1 + 0.047X_2 + 0.111X_3 - 0.082\,5X_1X_2 - 0.018\,8X_1X_3 \\ & + 0.011\,3X_2X_3 + 0.0183\,6X_1^2 - 0.034\,4X_2^2 - 0.0371X_3^2 \end{aligned} \tag{6-2}$$

对函数模型式（6-1）和式（6-2）进行显著性检验，结果失拟项均不显著，表明其他因素对试验结果影响很小；回归项均达极显著水平，说明回归方程与实际情况的拟合性很好，用以预报具有较高可靠性。

对式（6-1）各项回归系数的检验结果表明，水分调亏（X_1）、播量（X_2）、施肥量（X_3）一次项回归系数均达极显著水平，说明三因素对产量均有显著影响，各因素对经济产量（Y）影响作用大小顺序为水分调亏（X_1）>施肥量（X_3）>播种量（X_2）；在交互项中，调亏灌溉和播量（X_1X_2）的回归系数达极显著水平，说明RDI与播量间有明显交互作用；其余交互项（X_1X_3和X_2X_3）回归系数也均达显著水平。

对式（6-2）各项回归系数的检验结果表明，水分调亏（X_1）、播量（X_2）、施肥量（X_3）一次项回归系数均达极显著水平，说明三因素对WUE均有显著影响，各因素对WUE影响作用大小顺序为施肥量（X_3）>水分调亏（X_1）>播种量（X_2）；在交互项中，调亏灌溉和播量（X_1X_2）的回归系数达极显著水平，说明RDI与播量间有明显交互作用；其余交互项（X_1X_3和X_2X_3）回归系数也均达显著水平。

（2）数学模型的解析和寻优。

①主因子效应：主因子分析旨在探明各因素对产量影响的主次地位。因素

水平经无量纲线性编码代换，偏回归系数已标准化，可直接依其（b_i）绝对值大小判断因素的重要程度，其正负号表示因素的作用方向。综合考虑1、2次项偏回归系数和t值，试验因素对产量影响大小的顺序是水分调亏>施肥量>播种量。

②单因子效应：目标函数是各因子共同作用的结果。对模型（6-1）采用“降维”法可解析出单因子在其他控制因子居一定水平时的效应，相当于做多组单因子试验。

将控制因子固定在0水平，得一组考察因子与产量函数的一元回归子模型，见式(6-3)至式(6-5)。

$$Y_1 = 6\ 396 + 346.7X_1 - 67.2X_1^2 \qquad (6\text{-}3)$$

$$Y_2 = 6\ 396 + 216.4X_2 - 104.3X_2^2 \qquad (6\text{-}4)$$

$$Y_3 = 6\ 396 + 335X_3 - 104.3X_3^2 \qquad (6\text{-}5)$$

同法可得控制因子固定在-1.682、-1、1和1.682水平时的4组回归子模型。将5组降维结果按考察因子（苗期RDI、播量、施肥量）分别作图6-1，可直观地看出各考察因子在控制因子固定于不同水平时效应变化规律。

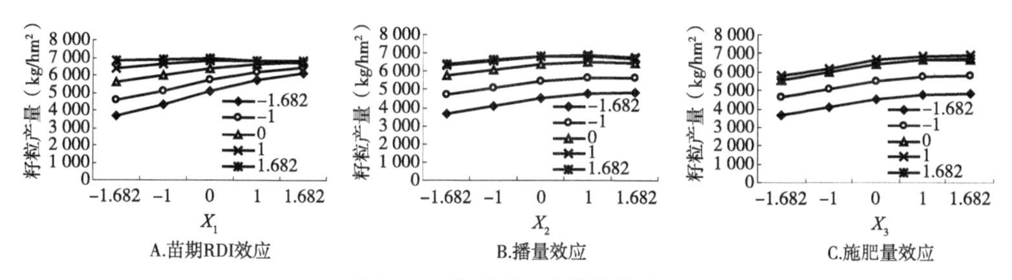

图6-1　单因子对产量的效应

图6-1A表明，当播种量和施肥量处于中、低水平时（编码值-1.682～0），小麦产量均随土壤水分控制下限提高而增加，且增加幅度基本一致；但当土壤水分控制下限自身水平编码值超过1（实际值80%）时，增产幅度呈明显减小趋势甚或不再增产；当播种量和施肥量处于高水平时（编码值1～1.682），在土壤水分编码值-1.682～0，小麦产量随土壤水分下限提高而增加，但不明显；而当土壤水分编码值超过0（实际值70%）时，小麦产量随土壤水分提高呈下降趋势。这可能是大播量、高肥水使植株旺长，群体过大所致。图6-1B显示，无论控制因子（土壤水分控制下限和施肥量）处于哪种水平（-1.682～1.682），产量均随播量的增大而增加，且增加幅度基本一致，但增加幅度较小；当播量自身编码值超过1（实际值150kg/hm²）时，产量不再增

加。由图6-1C效应曲线看出，无论控制因子（土壤水分控制下限和播量）处于什么水平（-1.682～1.682），产量均随施肥量增大而提高，且提高幅度基本一致；但当施肥量自身编码值超过1时，随施肥量增加产量不再提高，符合报酬递减律。

对模型（6-2）采用“降维”法可解析出单因子在其他控制因子居一定水平时对WUE的效应。

将控制因子固定在0水平，得一组考察因子与WUE函数的一元回归子模型，见式(6-6)至式(6-8)。

$$WUE_1 = 1.65 - 0.081X_1 + 0.018\ 6X_1^2 \tag{6-6}$$

$$WUE_2 = 1.65 + 0.047X_2 - 0.034\ 4X_2^2 \tag{6-7}$$

$$WUE_3 = 1.65 + 0.111X_3 - 0.037\ 1X_3^2 \tag{6-8}$$

同法可得控制因子固定在-1.682、-1、1和1.682水平时的4组WUE函数的一元回归子模型。将5组降维结果按考察因子（苗期RDI、播量、施肥量）分别作图6-2，可直观地看出各考察因子在控制因子固定于不同水平时对WUE影响的变化规律。

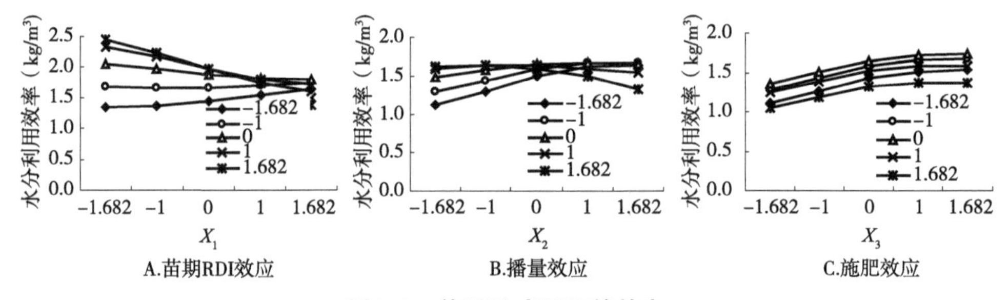

图6-2　单因子对WUE的效应

从图6-2A可见，当控制因子（播量和施肥量）处于低水平（编码值-1.682）时，随土壤含水量提高WUE提高，但提高幅度较小；当控制因子处于-1以上水平时，WUE随土壤含水量提高而降低，并且控制因子固定水平越高，WUE下降的幅度越大。这表明在控制因子处于-1以上水平时苗期RDI有利于提高WUE。图6-2B显示，当控制因子（苗期RDI和施肥量）处于中等以下（编码值-1.682～0）水平时，WUE随播量增加而明显提高，但当播量自身编码值超过1时，WUE不再提高；当控制因子处于高水平（编码值1～1.682）时，播量在中等以下水平（-1.682～0）范围变动，WUE基本无变化；当播量编码值超过0时，WUE呈下降趋势，尤其是控制因子处于1.682水平时WUE下降幅度大，说明在中等以下水肥条件通过增加播种量可以提高WUE。图6-2C表明，当控制因子（苗期RDI和播量）处于中等以下水平时（编码值-1.682～0），随控制因子固定水平的提高WUE提高，但当控制因子处于高水平（1～11.682）时，WUE降低，尤其是控制因子处于1.682的最高水平时WUE最低；但无论控制因子哪种水平，WUE均随施肥量的增大而提高，且提高幅度基本一致；当施肥量自身编码值超过1时WUE不再提高，表明增施N、P、K肥对提高WUE十分有利。

③双因子效应：式（6-1）和式（6-2）各有三项两两相交的双因子组合。根据回归系数t测验结果和研究目的需要，分别选择苗期RDI与播种量（X_1X_2）和苗期RDI与施肥量（X_1X_3）两个交互项建立双因子与目标函数的二元回归子模型，见式（6-9）至式（6-12）。

$$Y(X_1X_2)=639\ 6+346.7X_1+216.4X_2-150X_1X_2-67.2X_1^2-104.3X_2^2 \quad (6\text{-}9)$$

$$WUE(X_1X_2)=1.65-0.081X_1+0.047X_2-0.083X_1X_2-0.019X_1^2-0.034X_2^2 \quad (6\text{-}10)$$

$$Y(X_1X_3)=6\ 396+346.7X_1+335X_3-75X_1X_3-67.2X_1^2-104.3X_3^2 \quad (6\text{-}11)$$

$$WUE(X_1X_3)=1.65-0.081X_1+0.111X_3-0.019X_1X_3-0.019X_1^2-0.037X_3^2 \quad (6\text{-}12)$$

根据子模型作双因子效应分析三维图（图6-3）和（图6-4）。曲面图上各点的高度代表双因子一定水平组合时的籽粒产量（Y）或水分利用效率。当控制因子固定于某一水平时，籽粒产量或水分利用效率随另一因子水平的变化而变化。

从图6-3A看出，当播量处于中等以下水平（编码值-1.682～0）时，随土壤含水量降低（水分调亏度加重）产量呈明显下降趋势，但当播量处于高水平（编码值1～1.682）时，随土壤含水量降低（水分调亏度加重）产量下降不明显。当土壤水分处于中等以下水平（-1.682～0）时，随播量加大产量呈明显提高趋势，但当播量超过编码值0时，产量提高幅度减小，播量超过编码值1时，产量不再提高；当土壤水分处于高水平（编码值1～1.682）时，随播量增加产量提高不明显，当播量超过编码值0时，产量呈下降趋势，说明RDI与增加播量相结合可以达到节水增产的目的。

如图6-3B所示，当播量处于低水平（编码值-1.682）时，随土壤含水量下降WUE降低；当播量处于-1以上水平时，WUE随土壤含水量下降而提高，并且播量水平越高，WUE随土壤水分下降提高的幅度越大；在本试验范围，最大播量与最低土壤含水量（最重的水分调亏度）的组合有最高的WUE。在土壤含水量处于低水平（-1.682～-1）时，增加播量可显著提高WUE，但当播量超过1时WUE提高幅度减小；在土壤水分处于中等水平（编码值0）时，增加播量也可提高WUE，但当播量超过编码值0时，WUE开始降低；在土壤水分处于高水平（1～1.682）时，WUE随播量加大而降低，这表明在作物大群体条件下实施RDI有利于提高WUE。

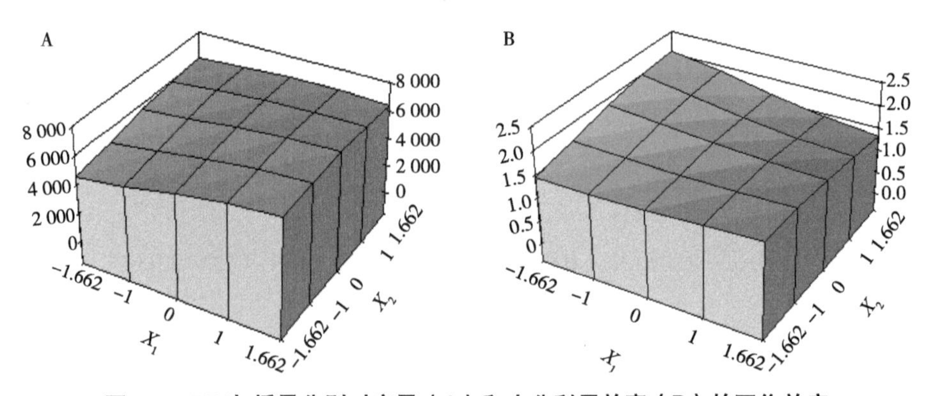

图6-3　RDI与播量分别对产量（A）和水分利用效率（B）的互作效应

如图6-4所示是苗期RDI与施肥量的互作效应。从图6-4A看出，无论施肥量（X_3）处于什么水平（编码值-1.682～1.682），小麦产量均随土壤水分控制下限提高而增加，但增加幅度随施肥水平提高而减小；当土壤水分控制下限自身水平编码值超过0（实际值70%）时，增产幅度呈明显减小趋势；当土壤水分控制下限自身水平编码值超过1（实际值80%）时，产量基本不再增加。另一方面，无论土壤水分（X_1）处于什么水平（编码值-1.682～1.682），小麦产量均随施肥量提高而增加，但增加幅度随土壤水分提高而减小；当施肥量自身水平编码值超过0（实际值70%）时，增产幅度呈明显减小趋势；当施肥量自身水平编码值超过1（实际值80%）时，产量基本不再增加。

如图6-4B所示，无论施肥量（X_3）处于什么水平（编码值-1.682～1.682），WUE均随土壤水分控制下限提高而降低，且降低幅度基本一致；当土壤水分控制下限自身水平编码值超过0（实际值70%）时，WUE下降幅度明显减小；当土壤水分控制下限自身水平编码值超过1（实际值80%）时，WUE基本不再下降。另一方面，无论土壤水分（X_1）处于什么水平（编码值-1.682 ~ 1.682），WUE均随施肥量增加而提高，且增加幅度基本一致；当施肥量自身水平编码值超过0（实际值70%）时，WUE提高幅度明显减小；当施肥量自身水平编码值超过1（实际值80%）时，WUE基本不再增加，符合“报酬递减律”。

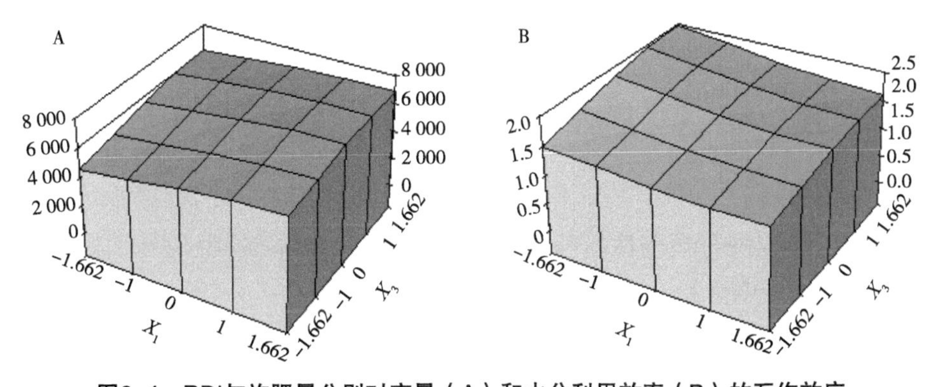

图6-4 RDI与施肥量分别对产量（A）和水分利用效率（B）的互作效应

数学模型寻优：利用已建立的经济产量（Y）和水分利用效率（WUE）两个数学模型，取步长0.420 5对模型进行双目标联合仿真寻优[7]，获得最高产量方案Y_{max} = Y（1.682，0，1）= 6 978kg/hm²，最高水分利用效率方案WUE_{max} = WUE（-1.682，1.682，1.682）= 2.22kg/m³，并获得不同目标产量和目标WUE组合的RDI与农艺措施结合的优化方案（表6-8）。方案①为高产方案，要求较高施肥水平，适合高肥区域；方案②施肥水平中等，苗期水分调亏下限较高，侧重于考虑肥料效应；方案③为高效水肥方案，适合于缺水地区；方案④为较高产、高水肥效益方案。这些方案可供因地制宜地灵活选用。

表6-8 冬小麦RDI与农艺技术组合优化方案

方案代码	目标产量（kg/hm^2）	水分利用效率（kg/m^3）	施氮量（kg/hm^2）	施磷量（kg/hm^2）	施钾量（kg/hm^2）	土壤水（%FC）	播量（kg/hm^2）
①	6 500 ~ 7 000	1.9 ~ 2.1	259	179	259	59.5	159
②	6 500 ~ 7 000	1.7 ~ 1.9	246	170	246	67.2	147
③	6 000 ~ 6 500	1.9 ~ 2.1	228	156	228	58.6	143
④	6 000 ~ 6 500	1.7 ~ 1.9	212	144	212	61.9	130

6.2.3.2 夏玉米RDI与营养调节优化组合及其数学模型

根据上述试验设计原理和统计分析方法，以追求同时获得较高的产量和较高的水分利用效率为目标，建立夏玉米经济产量（Y）和水分利用效率（WUE）2个目标函数数学模型，见式（6-13）、式（6-14）。

$$Y = 7\ 384 + 880.2X_1 + 581.3X_2 + 208.4X_3 + 30.9X_1X_2 + 104.6X_1X_3 - 34.4X_2X_3 + 110.5X_1^2 + 23.2X_2^2 - 111.8X_3^2 \quad (6\text{-}13)$$

$$WUE = 1.994 + 0.204\ 6X_1 - 0.120\ 2X_2 - 0.012\ 7X_3 + 0.06X_1X_2 + 0.042\ 5X_1X_3 - 0.012\ 5X_2X_3 + 0.036\ 9X_1^2 + 0.010\ 4X_2^2 - 0.032X_3^2 \quad (6\text{-}14)$$

对回归方程进行显著性检验表明，2个方程失拟项均不显著，回归项均达极显著水平，说明方程与实际拟合较好。

利用已建立的经济产量（Y）和水分利用效率（WUE）两个数学模型，取步长0.420 5对模型进行双目标联合仿真寻优，获得不同决策目标的RDI与农艺技术结合的优化方案（表6-9）。方案①为超高产高WUE方案，要求高施肥水平，苗期土壤水分控制下限较高；方案②为高产高WUE方案，要求较高的水肥水平，适合水肥条件较好的地区；方案③为较高产高WUE方案，要求中等施肥水平，苗期土壤水分控制下限较低；方案④为较高产高WUE和节肥方案，施肥水平降低，适当提高苗期土壤水分控制下限；方案⑤为较高产高WUE和节水方案，适当提高施肥水平，同时适当降低苗期土壤水分控制下限，即“以肥调水”。上述方案可根据不同决策目标和具体适用条件灵活选用。

表6-9 夏玉米RDI与农艺技术组合优化方案

方案代码	目标产量（kg/hm^2）	水分利用效率（kg/m^3）	施氮量（kg/hm^2）	施磷量（kg/hm^2）	施钾量（kg/hm^2）	土壤水（%FC）	密度（株/hm^2）
①	>10 000	>2.4	281	196	281	79 ~ 85	59 920 ~ 66 460
②	9 000 ~ 10 000	2.2 ~ 2.4	260 ~ 268	180 ~ 186	260 ~ 268	77 ~ 81	50 530 ~ 57 260
③	8 000 ~ 9 000	2.2 ~ 2.4	251 ~ 262	173 ~ 181	251 ~ 262	63 ~ 67	50 950 ~ 56 870
④	8 000 ~ 9 000	2.0 ~ 2.4	223 ~ 232	152 ~ 159	223 ~ 232	72 ~ 75	50 330 ~ 56 420
⑤	7 000 ~ 8 000	2.2 ~ 2.4	232 ~ 247	159 ~ 170	232 ~ 247	56 ~ 58	49 170 ~ 54 330

6.2.3.3　棉花RDI与营养调节优化组合及其数学模型

调亏灌溉追求的目标就是同时获得高产和高的水分利用效率。因此，以籽棉产量（Y）和水分利用效率（WUE）为目标函数，建立了2个数学模型，见式（6-15）、式（6-16）。

$$
\begin{aligned}
\mathrm{Y} = {} & 1\,438.2 + 38.63X_1 + 28.15X_2 + 92.53X_3 - 8.15X_1X_2 - 48.05X_1X_3 - 16.73X_2X_3 \\
& - 44.22X_1^2 - 34.54X_2^2 + 38.37X_3^2
\end{aligned}
\tag{6-15}
$$

$$
\begin{aligned}
\mathrm{WUE} = {} & 0.34 - 0.018\,14X_1 + 0.002\,66X_2 + 0.020\,37X_3 + 0.001\,25X_1X_2 - 0.018\,75X_1X_3 \\
& - 0.008\,75X_2X_3 - 0.002\,73X_1^2 - 0.000\,97X_2^2 + 0.006\,1X_3^2
\end{aligned}
\tag{6-16}
$$

利用已建立的2个数学模型，取步长0.420 5对模型进行双目标联合仿真寻优，获得了目标产量1 500 ~ 1 600kg/hm^{2}和目标水分利用效率0.45 ~ 0.48kg/m^{3}的RDI与营养调节等农艺技术因素组合的优化方案：施N 268 ~ 273（kg/hm^2），施P_2O_5 161 ~ 164（kg/hm^2），施K_2O 161 ~ 164（kg/hm^2），密度44 300 ~ 47 100（株/hm^2），苗期RDI土壤水分控制指标66.7% ~ 69.6%FC。

对模型解析的结果表明，增施肥料有利于提高RDI条件下的棉花产量和水分利用效率；初花期水分调亏土壤水分控制下限与棉株密度间存在明显互作效应，当土壤水分控制下限较低时（60%FC以下），籽棉产量随植株密度的增大而增加，但当超过一定密度时产量下降；土壤水分控制下限越高，达到最高产量时的植株密度越小。显然，在RDI条件下，适当提高作物群体指标，可以增强调亏灌溉的正效应。

6.3　小结与讨论

（1）调亏灌溉研究开展至今，大多集中在调亏灌溉的可行性、生态生理机制和调亏灌溉适宜指标等方面，关于调亏灌溉与营养调节等农艺技术因素结合的研究尚未涉及。事实上，一种新的灌溉方法应有与之相配套的农艺技术组合，才能充分发挥其功效和优越性。本研究对此进行了有益探索，并提供了一些有价值的信息。

（2）不同营养水平条件下的RDI试验结果表明，水肥互作效应在不同作物间的反应存在差异性。冬小麦在中等以下营养水平条件下的适度水分调亏，籽粒产量不会显著降低，甚或显著增产和略有增产，而高营养水平下水分调亏，籽粒产量显著降低。试验结果还表明，RDI与营养调节结合具有协同效应，有利于促进光合产物向籽粒运转与分配，降低有机合成物总量，提高经济产量；其中，以低、中等营养水平条件下RDI增产效果较好。综合考虑经济产量和水分利用效率，认为冬小麦在中等营养水平条件下RDI效果最佳，可同时实现节水增产高效综合目标。玉米在中、高营养水平下的水分调亏比低营养水平下的水分调亏更有利于提高经济产量和水分利用效率。

（3）秸秆覆盖条件下的RDI试验结果表明，RDI与秸秆覆盖相结合，显著提高了作物用水和用肥的有效性，因而有显著的增产效果，秸秆覆盖对RDI具有显著的增效作用。

（4）根据多因子正交旋转组合设计综合试验资料，分别建立了冬小麦、夏玉米和棉花经济产量（Y）和水分利用效率（WUE）2个数学模型。对模型解析结果表明，当实施RDI时，可适当提高作物群体指标，并与肥料运筹及其他农艺技术因素优化组合，可以补偿RDI的负面效应。对模型进行双目标联合仿真寻优，获得不同决策目标下的RDI与营养调节等农艺技术因素结合的优化方案，适合不同水肥条件下的生产决策需要。

参考文献

［1］ 曾德超，彼得·杰里. 果树调亏灌溉密植节水增产技术的研究与开发[M]. 北京：北京农业大学出版社，1994：5–6，13–14.

［2］ 康绍忠，史文娟，胡笑涛. 调亏灌溉对玉米生理指标及水分利用效率的影响[J]. 农业工程学报，1998，14（4）：82–87.

［3］ 郭相平，刘才良，邵孝侯，等. 调亏灌溉对玉米需水规律和水分生产效率的影响[J]. 干旱地区农业研究，1999，17（3）：92–96.

［4］ 郭相平，康绍忠. 玉米调亏灌溉的后效性[J]. 农业工程学报，2000，16（4）：58–60.

［5］ 郭相平，康绍忠，索丽生. 苗期调亏处理对玉米根系生长影响的试验研究[J]. 灌溉排水，2001，20（1）：25–27.

［6］ 丁希泉. 农业应用回归设计[M]. 长春：吉林科学出版社，1986：123–187.

［7］ 陈国良. 微机应用与农业系统模型[M]. 西安：陕西科学技术出版社，1985.

7　调亏灌溉条件下大田温度及冬小麦耗水量模拟

农田蒸散量对农田生态系统的能量分配、水文过程循环起着重要作用，同时农田蒸散量也为灌区农业水资源调配、灌区规划设计提供数据保障。对农田蒸散量研究的方法主要有水量平衡法[1]、蒸渗仪法[2]、参考作物需水量法[3]、能量平衡法[4]、微气象法（波文比法和涡动法[5]）、遥感法[6]。其中水量平衡法和蒸渗仪法主要针对小田块尺度范围的蒸散量，而参考作物需水量法、微气象法和遥感法主要针对灌区尺度的蒸散量。

波文比法是1926年英国物理学家Bowen，在研究自由水面的能量平衡时提出的方法理论[7]，2003年Payero提出验证数据的指导方法[8]，Escarabajal-Henarejos在仪器选择采用电阻式温度计代替热电偶测量温度，提高了计算蒸散量的精度[9]。由于能量平衡法能够测量较大田块尺度的蒸散量，而且具有简便易行、精度较高的特点，建议在大田选取微气象法中的能量平衡法进行小麦大田的蒸散量的测定，同时采用水量平衡法或大型蒸渗仪资料进行验证。

水量平衡法是一种比较传统的计算农田蒸散量的方法，在我国使用范围也最广，其基本原理是，某一区域在一段时间内土壤土层内储水量的变化值，等于本区域这一时间段内土层的来水（降雨或灌溉）与去水（蒸散、渗漏等）的差值。水量平衡法的优点是数据准确，缺点是不能连续观测。

蒸渗仪是依据水量平衡原理设计的一种能测定农田蒸散的称重装置。蒸渗仪法测定蒸散量的方法是前后两次称重差即为这一时段的农田蒸散量。蒸渗仪法测定农田蒸散的优点是可以连续测定，数据比较准确，但大型蒸渗仪价格比较昂贵，其精度也受露水等其他因素的影响。

参考作物需水量法，按照所需的气象要素（最高温度、最低温度、日照时数、湿度、风速等）先计算参考作物需水量，然后乘以作物系数即可计算农田蒸散量，不同作物作物系数取值不同，参考作物需水量法的前提条件是作物供水充足。后来，在干旱半干旱地区应用参考作物需水量法时，为了提高计算农田蒸散量的精度，不仅考虑了作物系数的影响，而且考虑了土壤水分因子影响。

涡动法是一种高频直接获得下垫面的风速和水汽的脉动值，通过协方差运算计算得出潜热的实际数值。涡动法测量作物蒸散量时要求下垫面水平并且要有足够大的风浪区长度，一般应大于500m，对于下垫面不平整时，计算作物蒸散量时必须进行坐标转换。

棵间蒸发是农田耗水的途径之一，同时也是与作物生长和产量无关的无效耗水，减少棵间蒸发是节约农业用水的关键。国内外许多学者对棵间蒸发的研究很多，研究方法和测定手段各不相同。Hanks（1971）[10]、Pruitt（1984）[11]、Ashktorab（1987）[12]用波文比法测量了冠层下的蒸发；Allen（1990）[13]用Cooper法估算了蒸发值；Ben-Asher等（1983）[14]用红外测温仪估测了裸土蒸发；谢贤群（1990）[15]利用自动称重土壤蒸发渗漏仪测定了农田的蒸发；李开元（1991）[16]采用土柱模拟试验研究了黄土高原土壤在不同给水条件下的蒸发性能。微型蒸发器（Micro-Lysimeter）在测量土壤棵间蒸发时，蒸发器的有底外筒阻隔了筒底下层水的上升，大型蒸渗仪也存在这个弊病。相对于其他大型蒸发装置和先进蒸发仪器设备，微型蒸发器（Micro-Lysimeter）具有加工方便、成本低廉、操作方便、精度较高等优点，建议在测量棵间蒸发试验时首先考虑。

在作物生育前期，农田耗水主要以棵间蒸发为主，在此阶段如能采取栽培管理措施合理加以控制，将会大幅度减少水分无效损失，提高水分利用效率。为减少棵间蒸发，西北地区有采用碎石覆盖农田、东北地区采用地膜覆盖农田、华北地区采用秸秆覆盖农田等措施。当然采用地膜和秸秆覆盖可以减少蒸发，地膜覆盖存在最大的问题是留在田间的残膜难以降解，形成白色垃圾，秸秆覆盖也有灌水时阻碍水流推进，病虫害发生较多等不利因素。

土壤温度对土壤中水[17-19]、气[20-22]运动等诸多物理过程和作物生长[23-25]以及近地层能量平衡[26, 27]都有一定的影响，因此，对土壤温度的研究成为近年来研究热点。范爱武[28]研究发现，土壤中各点的温度随气温和土壤表面获得的辐射能的周期性变化而呈周期性变化，并且基于多孔介质传热传质的数学模型模拟了不同环境条件下土壤温度日变化过程[29]。代成颖[30]采用热传导（结合数学拟合法）和热传导—对流两种方法分别计算了黄土高原地区土壤热扩散率。高志球[31]通过运用Laplace变换推导了土壤热传导方程的解析解和包含热对流项的土壤热传导方程的解析解，计算了西藏那曲地区土壤热扩散率。朱求安[32]基于IBIS模型模拟了中国土壤温度的时空变化，结果表明，中国北方土温呈显著上升趋势。郑辉[33]运用数值差分格式及格点设置模拟土壤温度，研究结果表明，3种差分方案中，显式方案的模拟误差最小，Crank-Nicolson方案其次，隐式方案的模拟误差最大。综合以上研究可以看出，土壤温度不仅具有周期性，而且具有趋势性，这就要求我们模拟土壤温度时，两方面都要综合考虑。

土壤热流方程主要模拟土壤温度的日尺度周期性，对趋势性没有进行体现。后续研究应该在土壤热流方程模拟的基础上，采用坐标转换的方法对热流方程进行改进，这样的研究结果可能更接近实际土壤温度的真实值，并对生态环境模拟具有指导性作用。

7.1 大田温度模拟

7.1.1 土壤热流方程

在土壤中建立直角坐标系，任取边长Δx，Δy，Δz的单元体，在Δt时段内由x，y，z三个方向流入与流出该单元的热量差总计，见式（7-1）。

$$-\left(\frac{\partial q_{hx}}{\partial x}+\frac{\partial q_{hy}}{\partial y}+\frac{\partial q_{hz}}{\partial z}\right)\Delta x\Delta y\Delta z\Delta t \tag{7-1}$$

在Δt时段内，单元体内热量的变化：$C_V\frac{\partial T}{\partial t}\Delta x\Delta y\Delta z\Delta t$。由能量守恒原理，得到热流连续性方程，见式（7-2）。

$$C_V\frac{\partial T}{\partial t}=-\left(\frac{\partial q_{hx}}{\partial x}+\frac{\partial q_{hy}}{\partial y}+\frac{\partial q_{hz}}{\partial z}\right) \tag{7-2}$$

将Fourier's law代入式（7-3）。

$$C_V\frac{\partial T}{\partial t}=\frac{\partial}{\partial x}\left[K_h\frac{\partial T}{\partial x}\right]+\frac{\partial}{\partial y}\left[K_h\frac{\partial T}{\partial y}\right]+\frac{\partial}{\partial z}\left[K_h\frac{\partial T}{\partial z}\right] \tag{7-3}$$

式（7-3）即为各向同性土壤中的热流基本方程。

一维方程见式（7-4）。

$$C_V \frac{\partial T}{\partial t} = \frac{\partial}{\partial z}\left[K_h \frac{\partial T}{\partial z} \right] \tag{7-4}$$

用土壤热扩散率表示，见式（7-5）至式（7-7）。

$$\frac{\partial T}{\partial t} = \alpha \frac{\partial^2 T}{\partial z^2} \tag{7-5}$$

$$1）T(z,t) = T_a + A\sin\omega t, z = 0, t \geqslant 0, \omega = 2\pi / \tau \tag{7-6}$$

$$2）\lim T(z,t) = T_a, z \to \infty, t \geqslant 0 \tag{7-7}$$

对定解问题作Laplace变化，得式（7-8）至式（7-10）。

$$p\tilde{T}(z,p) - T(z,0) = \alpha \frac{\partial^2 \tilde{T}(z,p)}{\partial z^2} \tag{7-8}$$

$$\tilde{T}(0,p) = \frac{T_a}{p} + \frac{\alpha\omega}{p^2 + \omega^2} \tag{7-9}$$

$$\lim_{z \to \infty} \tilde{T}(z,p) \frac{T_a}{p} \tag{7-10}$$

式中，p为Laplace积分变量，$\tilde{T}$ 为T的象函数。
由Laplace变换后的定解问题见式（7-11）。

$$\frac{d^2 \tilde{T}(z,p)}{dz^2} - \frac{p}{a}\tilde{T}(z,p) = -\frac{T_a}{a} \tag{7-11}$$

上式为一个二阶线性非齐次微分方程，其通解见式（7-12）。

$$\tilde{T}(z,p) = C_1 \exp(z\sqrt{\frac{p}{a}}) + C_2 \exp(-z\sqrt{\frac{p}{a}}) + \frac{T_a}{p} \tag{7-12}$$

将下边界条件2）用于式（7-12），得$C_1 = 0$；

将上边界条件1）用于式（7-12），得 $C_2 = \frac{a\omega}{p^2 + \omega^2}$

故求得常微分方程的解为式（7-13）。

$$\tilde{T}(z,p) = \frac{a\omega}{p^2 + \omega^2} \exp(-z\sqrt{\frac{p}{a}}) + \frac{T_a}{p} \tag{7-13}$$

逆变换后，可求得式（7-13）的解析式，见式（7-14）、式（7-15）。

$$T(z,p)=T_a+A\exp(z/d)\sin(\omega t+z/d)\quad -\infty<z<0 \tag{7-14}$$

$$d=\sqrt{2a/\omega}=\sqrt{a\tau/\pi} \tag{7-15}$$

式（7-14）虽然是年变化的结果，但只要修改一些参数也可应用到日温度变化过程中。

土壤表层温度的正弦模型曲线如式（7-16）所示。

$$T=T_a A\sin(2\pi t/\tau) \tag{7-16}$$

式中，T_a为日平均温度，A为波的振幅，t为时间，τ为正弦波的周期。

7.1.2 连续几天土壤温度变化趋势分析

土壤温度除每日为周期变化规律外，还存在整体上升或下降趋势，或其他变化形式。整体上升趋势可简化为把土壤日变化规律绕原点逆时针转动某个角度，整体下降趋势则是绕原点顺时针转动，其他变化则可简化为上升和下降趋势的组合。

具体计算过程为：

（1）计算上升或下降的斜率k。

（2）通过斜率计算旋转的角度。

（3）通过坐标变幻计算旋转后的温度值。

（4）误差对比分析与模拟评价。

7.1.3 模拟评价指标

本研究主要包括均值、平均偏差误差（MBE）、均方根误差（RMSE）以及相对平均偏差误差（RBE）和相对均方根误差（RSE）。

平均偏差误差（MBE）和相对平均偏差误差（RBE）定义见式（7-17）、式（7-18）。

$$\text{MBE}=\frac{1}{N}\sum_{i=1}^{N}(O_i-P_i) \tag{7-17}$$

$$\text{RBE}(\%)=\frac{\text{MBE}}{\overline{O}}\times 100 \tag{7-18}$$

式中，N为测定值的数量，O_i和P_i分别指测定值和预测值，上划线代表均值。

均方根误差（RMSE）以及相对均方根误差（RSE）定义，见式（7-19）、式（7-20）。

$$\mathrm{RMSE}=\sqrt{\frac{\sum_{i=1}^{N}(O_i-P_i)^2}{N-1}} \tag{7-19}$$

$$\mathrm{RSE}(\%)=\frac{\mathrm{RMSE}}{\overline{O}}\times 100 \tag{7-20}$$

拟合度（Index of agreement，IA）见式（7-21）。

$$\mathrm{IA}=1-\left[\frac{\sum_{i=1}^{n}(O_i-P_i)}{\sum_{i=1}^{n}(|O_i-\overline{O}|+|P_i-\overline{P}|)^2}\right] \tag{7-21}$$

7.1.4 实例验证及模型误差对比分析

用2013年5月28日到6月3日小麦大田土壤表层（地表以下5cm）温度进行验证。温度采用HMP45C温度/相对湿度探头观测，半小时采集一次并自动记录数据。

土壤日平均温度为20℃，波的振幅为10℃，正弦波的周期为24h。图7-1为采用热流方程模拟土壤温度的正弦波，可以看出模拟值与测量值偏差较大。模拟值的趋势线为水平线，实测值的趋势线则逐步上升。通过实测值的斜率推算旋转角度为2°。

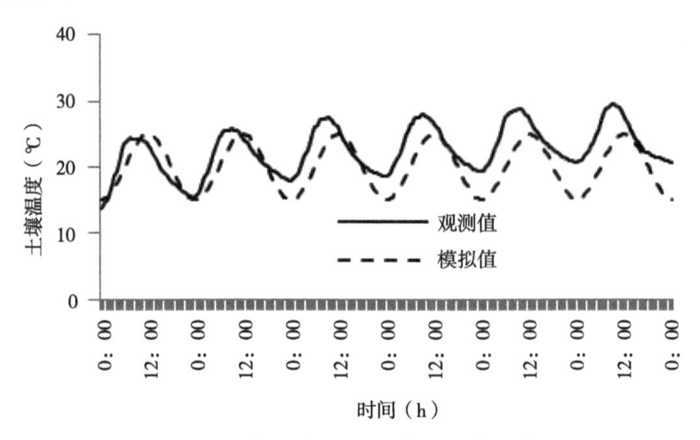

图7-1 热流方程模拟表层土壤温度

通过坐标变化，见式（7-22）、式（7-23）。

$$X_1 = X_0 \cos\theta - Y_0 \sin\theta \quad （7-22）$$

$$X_1 = X_0 \sin\theta + Y_0 \cos\theta \quad （7-23）$$

把旋转角度2代入式（7-22）、式（7-23），重新得到X、Y坐标数据，用此坐标数据作图7-2，图7-2为经过坐标旋转改进的土壤温度，可以看出，模拟值和观测值比较吻合。

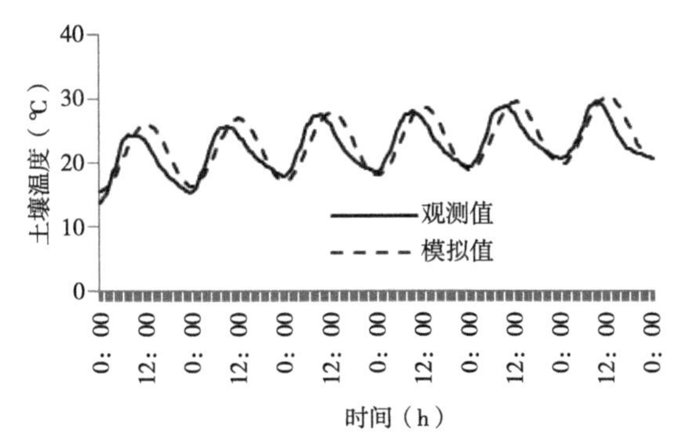

图7-2　坐标旋转改进模拟表层土壤温度

表7-1为模型误差对比，可以看出，通过坐标旋转改进模拟精度较高。

表7-1　模拟误差对比

评价指标	实测地温	热流方程模拟	坐标旋转改进模拟
平均	22.50	19.98	23.11
标准误差	0.21	0.21	0.23
中位数	22.29	20.00	23.10
标准差	3.50	3.55	3.83
方差	12.22	12.59	14.70
峰度	−0.65	−1.51	−1.11
偏度	−0.03	0.00	−0.01
区域	15.55	10.00	14.60
最小值	13.85	15.00	15.62

（续表）

评价指标	实测地温	热流方程模拟	坐标旋转改进模拟
最大值	29.40	25.00	30.22
求和	6 501.23	5 775.00	6 679.21
观测数	289.00	289.00	289.00
置信度（95.00%）	0.40	0.41	0.44
平均偏离误差	0.00	0.02	-0.01
相对平均偏离误差	0.00	0.09	-0.04
均方根误差	0.00	0.34	0.10
相对均方根误差	0.00	1.96	0.61
拟合度	1.00	0.86	0.99

从图7-1和图7-2可以看出，一是土壤温度可以用正弦波模拟，1天中土壤温度最高值出现在15：00左右，最低值出现在凌晨6：00。最高值出现时间与范爱武研究结果一致。但也有文献表明土温最高值出现在13：00左右，这主要由不同纬度区太阳高度角的差异引起。二是从图7-1和图7-2还可以看出，热流方程模拟土壤温度结果偏小，坐标旋转改进模拟结果稍微偏大，这可从表7-1中得到精确数值，热流方程模拟的平均偏离误差、相对平均偏离误差分别为0.02℃和0.09℃，而坐标旋转改进模拟的平均偏离误差、相对平均偏离误差分别-0.01℃和-0.04℃。三是实测地温、热流方程模拟地温和坐标旋转改进模拟地温的平均值分别为22.5℃、19.98℃和23.11℃，说明坐标旋转改进模拟与观测值相差不大。四是热流方程模拟地温的均方根误差和相对均方根误差，分别为0.34℃和1.96℃，坐标旋转改进模拟地温的均方根误差和相对均方根误差0.10℃和0.61℃，说明热流方程模拟离散程度低。五是热流方程模拟地温和坐标旋转改进模拟地温的拟合度分别为0.86和0.99。六是热流方程模拟结果随着时间的推移，相位角逐渐变大，而坐标旋转改进模拟结果则不存在这一情况。

7.1.5 结论

结合以上模型误差对比分析，结果表明在对土壤表层温度的数值模拟中，通过坐标旋转改进模拟比单纯用热流方程模拟精度高。

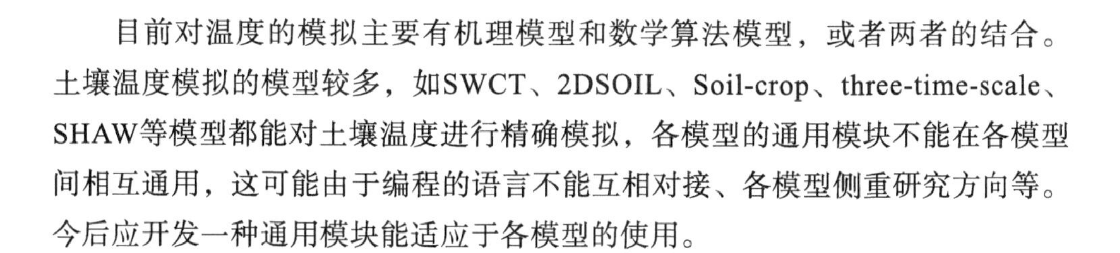

目前对温度的模拟主要有机理模型和数学算法模型，或者两者的结合。土壤温度模拟的模型较多，如SWCT、2DSOIL、Soil-crop、three-time-scale、SHAW等模型都能对土壤温度进行精确模拟，各模型的通用模块不能在各模型间相互通用，这可能由于编程的语言不能互相对接、各模型侧重研究方向等。今后应开发一种通用模块能适应于各模型的使用。

7.2 能量平衡法估算麦田蒸散量

测定蒸散量原理与方法。

7.2.1 能量平衡的理论基础

能量平衡的理论基础，其表达式方程见式（7-24）。

$$R_n - G = LE + H \tag{7-24}$$

式中，R_n为净辐射，LE为地面与大气之间的潜热通量，H为地面与大气之间的显热通量，G为土壤热通量。

假设波文比$\beta = \mathrm{H}/LE$，见LE式（7-25）。

$$LE = \frac{R_n - G}{1 + \beta} \tag{7-25}$$

将作物与地面作为一个蒸发面，根据边界层扩散理论，蒸发面上的潜热、显热通量表达见式（7-26）、式（7-27）。

$$H = -\rho C_p K_h \frac{d\tau}{dz} \tag{7-26}$$

$$LE = -\frac{\rho\lambda z}{p} K_v \frac{de}{dz} \tag{7-27}$$

根据相似理论，假设$K_v = K_h$，同时引入波文比β（显热通量与潜热通量之比），并将微分化为差分得式（7-28）。

$$\beta = -\frac{C_p P}{\lambda\varepsilon}\frac{K_h}{K_v}\frac{d_\tau}{d_s} = \frac{C_p P}{\lambda\varepsilon}\frac{\Delta T}{\Delta e} = \gamma\frac{\Delta T}{\Delta e} \tag{7-28}$$

式中，L为汽化潜热，ρ为空气密度，C_p为空气定压比热，ε为水汽分子对于干空气分子的重量比，P为大气压，K_v、K_h分别为潜热和显热交换系数，T、Z分别为温度和湿度梯度。

由实测R_n、G、ΔT和ΔE利用式（7-26）、式（7-27）和式（7-28）可得蒸发面与大气间的潜热及显热通量。

7.2.2 水量平衡法

水量平衡公式见式（7-29）。

$$W_t-W_0=W_T+P_e+S_G+I-ET_c \tag{7-29}$$

整理式（7-29）得式（7-30）。

$$ET_c=W_0-W_t+W_T+P_e+S_G+I \tag{7-30}$$

式中，W_0是时段初土壤计划湿润层内的储水量（mm），W_t是时段末土壤计划湿润层内的储水量（mm），W_T是由于土壤计划湿润层增加而增加的水量（mm），P_e是储存在土壤计划湿润层内的有效降水量（mm），S_G是时段内地下水利用量（mm），I为灌水量（mm），ET_c为时段内的蒸发蒸腾量（mm）。

7.2.3 统计与模型评价指标

统计指标有很多类，包括汇总统计指标，例如均值；相关性指标，例如决定系数；绝对误差指标，例如均方根误差、平均绝对误差和平均偏差误差；相对误差指标，主要包括绝对误差指标的相对值、效率指数和亲合指数。

本研究主要采用均值、决定系数（R^2）、平均偏差误差（MBE）、均方根误差（RMSE）以及相对偏差误差和相对均方根误差。决定系数（R^2）定义见式（7-31）。

$$R^2=\left[\frac{\sum_{i=1}^{N}(O_i-\overline{O})(P_i-\overline{P})}{\sqrt{\sum_{i=1}^{N}(O_i-\overline{O})^2}\sqrt{\sum_{i=1}^{N}(P_i-\overline{P})^2}}\right] \tag{7-31}$$

式中，N为测定值的数量，O_i和P_i分别指测定值和预测值，上划线代表均值。

平均偏差误差（MBE）和相对平均偏差误差（RBE）定义见式（7-32）、式（7-33）。

$$\mathrm{MBE} = \frac{1}{N}\sum_{i=1}^{N}(O_i - P_i) \tag{7-32}$$

$$\mathrm{RBE} = \frac{\mathrm{MBE}}{\overline{O}} \times 100 \tag{7-33}$$

均方根误差（RMSE）以及相对均方根误差（RSE）定义见式（7-34）、式（7-35）。

$$\mathrm{RMSE} = \sqrt{\frac{\sum_{i=1}^{N}(O_i - P_i)^2}{N-1}} \tag{7-34}$$

$$\mathrm{RSE}(\%) = \frac{RMSE}{\overline{O}} \times 100 \tag{7-35}$$

拟合度（Index of agreement，IA），见式（7-36）。

$$\mathrm{IA} = 1 - \left[\frac{\sum_{i=1}^{n}(O_i - P_i)^2}{\sum_{i=1}^{n}(|O_i - \overline{O}| + |P_i - \overline{P}|)^2}\right] \tag{7-36}$$

7.2.4 结果分析

7.2.4.1 麦田日能量分配模式

图7-3是2014年4月29日麦田能量模式分配，可以看出，在一日内太阳净辐射从0：00开始到4：00维持在-60W/m^2，4：00后开始上升，5：40变为正值继续逐渐增大，到11：30达到峰值708.36W/m^2，之后又逐渐降低下来，到17：00左右变为负值，19：00降低到最低值-77.38W/m^2，之后大约保持在-62W/m^{2}的水平。土壤热通量从0：00开始下降到5：00降到最低峰值-23.33W/m^2，之后开始逐渐上升，8：00变成正值继续逐渐增大，13：00达到最高峰值45.59W/m^2，之后又逐渐降低，18：00变为负值继续降低，23：00降低到最低峰值-10.15W/m^2，之后逐渐上升。潜热蒸发和显热蒸发与太阳净辐射变化趋势一致，对比土壤热通量和太阳净辐射可以看出，土壤热通量最高

峰值出现时间较太阳净辐射晚90min，这主要是能量在农田表面再分配产生的滞后作用。

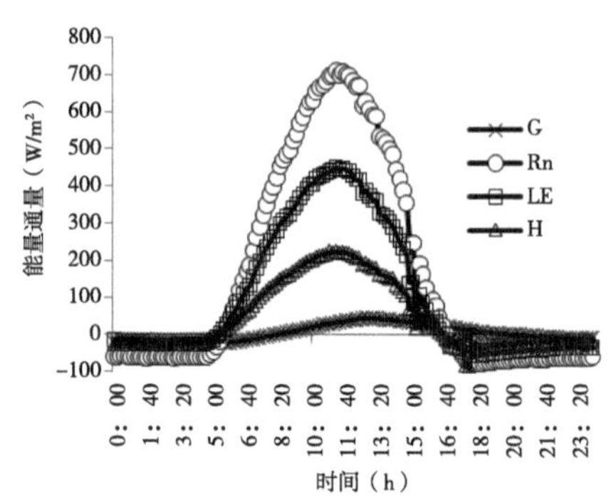

图7-3　潜热、显热、土壤热通量和净辐射日分配

7.2.4.2　蒸散量过程分析

图7-4绘出了冬小麦逐日蒸散量变化过程，可以看出，返青期蒸散量为2.5mm/d，返青后冬小麦蒸散量逐渐增大，拔节期蒸散量为3.7mm/d，灌浆期蒸散量为4.6mm/d，乳熟期蒸散量为2.9mm/d，到灌浆期又渐减小的总趋势。对比各个生育时期的蒸散量，抽穗灌浆期最大，拔节期次之，返青期和乳熟期基本持平。小麦返青后，随着气温逐渐增高，植株群体开始复苏生长，蒸散量也随之缓慢变大，拔节期后，小麦的叶面积指数迅速增大。

蒸散主要以蒸腾为主，进入抽穗灌浆期，小麦植株进入营养生长和生殖生长的关键时期，这个时期小麦的蒸散量最大，到后来乳熟期，植株叶片慢慢变黄，蒸散量也随之降低。

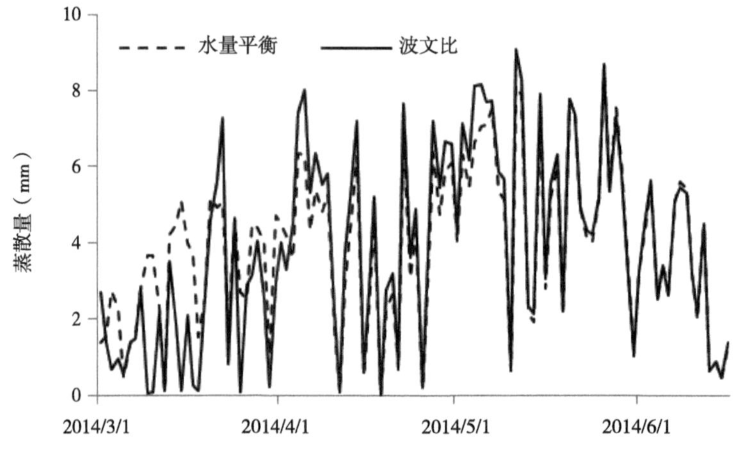

图7-4　生育期内由能量平衡法和水量平衡法计算的蒸散过程

7.2.4.3 两种瞬时值蒸发量的关系

表7-2为用能量平衡法与水量平衡法计算蒸散量的误差统计，可以看出，返青至收获期，水量平衡法和能量平衡法计算蒸散量的平均值分别为3.95mm/d和3.90mm/d。能量平衡法估算蒸散量结果偏小，这与强晓嫚得出的结论一致，平均每天大概偏小0.05mm/d。能量平衡法计算结果的平均偏离误差和均方根误差分别是0.04mm/d和1.10mm/d。能量平衡法计算的拟合度为0.94，与1相差较少。通过以上分析说明，能量平衡法计算作物蒸散量精度较高，是一种简便、连续可行的办法。

表7-2 两种方法计算蒸散量的误差统计

参数	水量平衡法	能量平衡法
平均	3.946 27	3.901 536
标准误差	0.204 66	0.246 139
中位数	4.177 956	3.614 054
标准差	2.117 015	2.546 079
方差	4.481 753	6.482 518
峰度	−0.735 21	−1.066 67
偏度	0.004 878	0.125 613
区域	8.637 714	9.056 414
最小值	0.015 99	0.013 694
最大值	8.653 704	9.070 108
求和	422.250 8	417.464 3
观测数	107	107
最大值	8.653 704	9.070 108
最小值	0.015 99	0.013 694
置信度（95.0%）	0.405 757	0.487 994
平均偏离误差	0	0.043 324
相对平均偏离误差	0	1.10%
均方根误差	0	1.096 719
相对均方根误差	0	27.79%
拟合度	1	0.942 849

7.2.5 结论

（1）小麦蒸散量以天尺度和10min尺度对比。从表7-2中可以看出，以天为尺度作物蒸散量最大值为9.07mm，以10min尺度计算蒸散量折合到每天瞬时值的最大值达到30mm，这和李久生得出的结论一致，究其原因，主要因为白天的LE为正值且有峰值，夜里的LE为负值，以日尺度计算的LE为白天和夜里的平均值，故以日尺度计算的蒸散量峰值小于以10min尺度的蒸散量峰值。

（2）β的取值方法。在用能量平衡法计算作物蒸散量时，假定LE和G测量的精度能够达到试验的要求，那么LE计算精确度主要取决于β，通过计算，β在一天内变化量复杂，而且有正有负，因此在本研究计算β时采用朱劲伟提出的方法。

（3）两种测量蒸散量方法不一致的原因。水量平衡法主要针对某一点的作物蒸散量而言，而波文比主要针对某一较大范围的蒸散量而言，波文比仪器要求观测下垫面比较平坦，面积较大，作物长势比较均一的大面积农田，波文比应该尽量减小空气平流作用、逆温和绿洲效应对观测精度的影响，而水量平衡法对下垫面的要求则没有波文比那么严格。

7.3 冬小麦需水量模拟

7.3.1 冬小麦需水过程的模拟模式

作物的需水量与许多因素有关，受各种因素的影响，其需水量一直处于动态变化中。由前面的分析可看出，冬小麦整个生育期中的需水量变化也有规律可循，在生长前期小，返青以后迅速增加，到抽穗期达到高峰，灌浆以后冬小麦的需水量又逐渐降低。许多研究表明，作物的耗水量受土壤因素、作物因素及气象因素3个方面的综合影响，这种影响关系可用式（7-37）表示。

$$ET=f(A,\ B,\ S) \tag{7-37}$$

式中，ET为作物耗水量，A表示气象因素，B代表生物学因素，S代表土壤因素。

在A所代表的气象因素中，与蒸散耗水有关的气象因子有辐射通量、空气温度、饱和差、风速等，研究表明这些因子的综合作用可以用一个综合指标来反映，即下垫面的潜在蒸发蒸腾量（ET_0），一般用彭曼—蒙特斯法计算。

B代表的生物学因素中与蒸散有关的因子有作物种类、生育时期、群体大小等。研究指出，生物学因素对蒸散的影响程度可以较好地用叶面积指数（Leaf area index，*LAI*）的函数来表示，因为叶面积指数的变化在一定程度上反映了作物的种类特性、生长发育及群体大小，同时还决定着蒸散的界面大小。因此可用式（7-38）表达这种关系。

$$B=f(\mathrm{LAI}) \tag{7-38}$$

式中，S代表土壤因素，影响蒸散的土壤因子有土壤水分、土壤质地和土壤溶液等。但研究表明，影响农田蒸散的主要是土壤水分含量，可用式（7-39）表示。

$$S=f(W) \tag{7-39}$$

式（7-39）中的W项可用式（7-40）计算。

$$W=\frac{\theta_a-\theta_w}{\theta_f+\theta_w} \tag{7-40}$$

式中，θ_a为预报起始点实测的土壤含水量（占干土重的%）；θ_f、θ_w分别为田间持水量和土壤凋萎系数（占干土重的%），经实测，河南新乡试验区的田间持水量和土壤凋萎系数分别为25.26%和8.4%。

作物耗水量ET可以表达为A、B、S各自作用的乘积，见式（7-41）。

$$ET=f(A,B,S)=ET_0\cdot f(\mathrm{LAI})\cdot f(W) \tag{7-41}$$

上式中ET_0采用FAO最新推荐的Penman-Moteith公式计算，形式见式（7-42）。

$$ET_0=\frac{0.408\Delta(R_n-G)+\gamma\frac{900}{T+273}U_2(e_s-e_a)}{\Delta+\gamma(1+0.34U_2)} \tag{7-42}$$

式中各参数的含义同前所述。

式（7-41）中的LAI可用实测数值，也可以用根据多年试验数据确定的计算模式计算。

根据河南新乡的田间实测试验资料，式（7-41）可以具体为式（7-43）的表达形式。

$$ET=0.760\ 4ET_0\cdot\mathrm{LAI}^{0.542\ 4}\cdot(\frac{\theta_a-\theta_w}{\theta_f-\theta_w}) \tag{7-43}$$

式中，ET为作物日耗水量值（mm），ET_0为根据气象因素计算的参考作物蒸腾蒸发量旬平均值（mm）。其余各符号的含义如同前所述。

在没有条件获得冬小麦耗水量实测值的情况下，可以根据式（7-43）对冬小麦的耗水量进行估算。

7.3.2　冬小麦叶面积指数模拟

由前面的分析可以看出，新乡冬小麦全生长期叶面积指数的动态变化规律是，返青前叶面积指数上升较慢，返青后叶面积指数增加变快，从4月起叶面积指数有一个快速增长阶段，直到5月上旬（抽穗时）达到高峰，随后开始缓慢下降，5月下旬随着下部叶片的衰老死亡，叶面积指数下降速度加快。已有的研究结果表明，作物的叶面积指数与播种后的积温有很好的相关性，本试验利用适宜土壤水分条件下不同时间测得的叶面积指数与相应时间冬小麦播种后的积温建立的回归关系见式（7-44）。

$$\begin{aligned}\mathrm{LAI}=&1.582\,1\times10^{-11}\sum T4-7.549\,3\times10^{-8}\sum T^3+1.200\,6\times10^{-4}\sum T^2\\&-6.947\,4\times10^{-2}\sum T+14.090\,6\end{aligned}\tag{7-44}$$

相关系数$R=0.990\,8$。

式中，LAI为叶面积指数，ΣT为冬小麦播种后大于0℃的积温（℃）。

由式（7-44）可知，要估算某一阶段的叶面积指数，只需要知道该阶段的播后积温（从播种至估算日期0℃以上平均气温的总和）就可以了。由式（7-44）计算的叶面积指数与实测的叶面积指数有较好的一致性，估算的相对误差不超过10%。图7-5为冬小麦叶面积指数预测值与实测值对比。

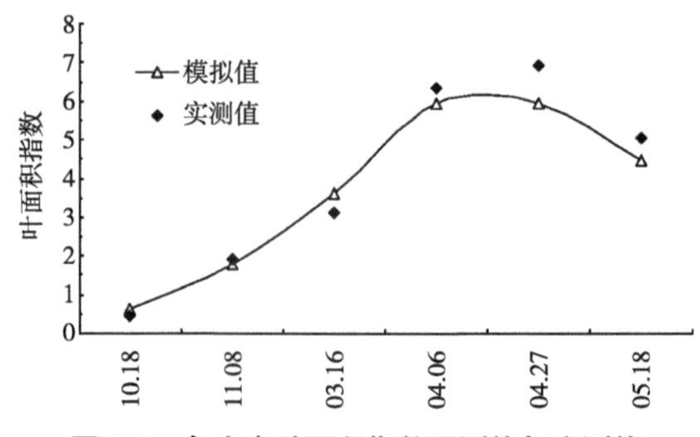

图7-5　冬小麦叶面积指数预测值与实测值

7.3.3 冬小麦的墒情预测和灌溉预报

农田墒情预测与灌溉预报是实现作物适时适量灌溉的基础，是灌区节水灌溉管理与精准灌溉技术决策的依据。因此掌握土壤墒情，及时对其进行预测，是灌溉预报和农田水分管理的核心内容。在指导灌水时，可用某一深度范围内的平均土壤含水率作为指标，也可用其土层的贮水量作为灌水指标。通常农田灌溉预报是通过农田土壤水分观测得知当前的土壤水分含量，然后通过一定的程序预报未来时段内农田土壤水分是否会降到作物适宜土壤水分控制下限，并发布灌溉与否的预报。

墒情预测与灌溉预报大都依据农田水量平衡原理进行，为此可以写出土壤贮水变化量表达式，见式（7-45）。

$$S_{1-2} = I + P + G - ET - D - R \tag{7-45}$$

式中，I为预报时段内的灌水量（mm），P为时段内的降水量（mm），G为地下水补给量（mm），ET为作物蒸发蒸腾总量（mm），D为深层渗漏量（mm），R为地面径流量（mm），S_{1-2}为时段内土壤贮水的变化量（mm）。

若加强田间管理与节水灌溉实践，加之当地的地下水位较深，式（7-45）可简化为式（7-46）。

$$S_{1-2} = I + P - ET \tag{7-46}$$

式（7-46）中的ET可用式（7-43）计算出的值再乘以预报的天数T获得，至于灌水量I和降水量P可从实际观测资料中获得。

$S_{1\text{-}2}$可以用式（7-47）计算。

$$S_{1-2} = S_2 - S_1 \tag{7-47}$$

将式（7-47）代入式（7-46）中并求S_1得式（7-48）。

$$S_2 = -S_1 + I + P + ET \tag{7-48}$$

式中，S_1为时段初土壤贮水量（mm），S_2为时段末的土壤贮水量（mm），其余符号的含义同前所述。

时段初土壤贮水量S_1可以实际测定，故预报S_2的主要任务就变成ET的预报。ET可由式（7-43）计算求得。当预报得到的S_2达到冬小麦需要灌水时的土壤贮水量下限值时就应准备灌水。

若使用土壤含水率作为灌水的下限指标，式（7–48）可变换为式（7–49）

$$\theta_2 = \theta_1 - \frac{ET - I - P}{1\,000\gamma H} \qquad (7\text{–}49)$$

式中，θ_1、θ_2分别为时段初和时段末的土壤含水率（占干土重的%），γ为作物根系层内土壤的干容重（t/m^3），H为作物根系层深度（m），其余符号的含义同上。

表7–3为河南新乡冬小麦灌水的适宜土壤水分控制下限指标，当预报的时段末土壤含水率θ_2达到或低于设定的下限值时就应进行灌溉。

表7–3　河南新乡冬小麦灌水的适宜土壤水分控制下限指标

生育阶段	苗期	越冬	返青—拔节	拔节—抽穗	灌浆—成熟
土壤水分下限指标（占田间持水量的%）	55	55	60	65	60
土壤含水率下限指标（占干土重的%）	13.89	13.89	15.16	16.42	15.16

为了验证所建立的冬小麦墒情预测模型的精度，对2013—2014年冬小麦生长期间各水分处理的土壤水分变化情况进行了模拟计算。图7–6为土壤水分模拟值与实测值对比，可以看出，所建模型简洁明了，有关参数易于确定，预测精度较高，模拟值与实测值吻合性较好，预测结果的相对误差均低于10%。

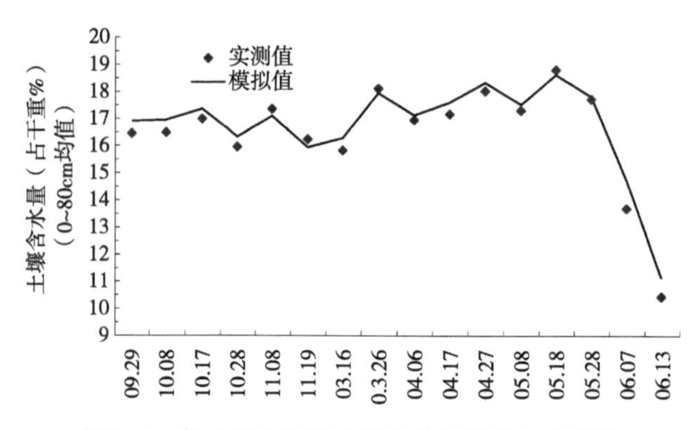

图7–6　冬小麦生育期土壤水分预测值与实测值

7.4 本章小结

（1）以热流方程为基础，结合数学上的坐标转化对热流方程模拟的结果进行了二次模拟，结果表明，模拟精度显著提高。但在模拟土壤温度时未考虑作物生长状况和当地土壤物理、气象等条件影响，应在以后继续改进。

（2）能量平衡法可以测量尺度较大田块的农田蒸发量，用能量平衡法计算作物蒸散量精度较高，是一种简便、连续可行的办法。

（3）建立了基于小麦生育期积温的需水模型，模型具有参数较少、模拟精度较高的特点。

参考文献

［1］ HUANG Y L，CHEN L D，FU B J，et al. Evapotranspiration and soil moisture balance for vegetative restoration in a gully catchment on the Loess Plateau，China[J]. Pedosphere，2005，15（4）：509–517.

［2］ DICKEN U，COHEN S，TANNY J. Examination of the Bowen ratio energy balancetechnique for evapotranspiration estimates in screenhouses[J]. Biosyst Eng，2013，114：397–405.

［3］ MAREK G，GOWDA P，MAREK T，et al. Estimating preseason irrigation losses by characterizing evaporation of effective precipitation under bare soil conditions using large weighing lysimeters[J]. Agri Water Manage，2016，169：115–128.

［4］ ZHANG B Z，KANG S Z，LI F S. Comparison of three evapotranspiration models to Bowen ratio-energy balance method for a vineyard in an arid desert region of northwest China[J]. Agr For Met，2008，148：1629–1640.

［5］ UDDIN J，HANCOCK N H，SMITH R J，et al. Measurement of evapotranspi-ration during sprinkler irrigation using a precision energy budget（Bowen ratio，eddy covariance）methodology[J]. Agric Water Manage，2013，116：89–100.

［6］ 仲雷，马耀明，秦军，等. 利用天宫一号高光谱红外谱段估算青藏高原地

表通量与蒸散量[J]. 遥感学报，2014，18（z1）：126-132.

[7] BOWEN I S. The ratio of heat losses by conduction and by evaporation from any water surface[J]. Physical Review，1926，27（6）：779-787.

[8] PAYERO J O，NEALE C M U，WRIGHT J L，et al. Guidelines for validating Bowen ratio data[J]. Transactions of the Asae，2003，46（4）：1051-1060.

[9] ESCARABAJAL-HENAREJOS D，FERNÁNDEZ-PACHECO D G，MOLINA-MARTÍNEZ J M，et al. Selection of device to determine temperature gradients for estimating evapotranspiration using energy balance method[J]. Agricultural Water Management，2015，151：136-147.

[10] HANKS R J，ALLEN L H，GRANDER H R. Advection and evapotranspiration of wide-rowsorghumin the Central Great Plains[J]. Agron J，1971，63：520-527.

[11] PRUITT W O，FERERES E，MARTION P E，et al. Microclimate，evapotranspiration and water-use efficiency for drip and furrow irrigation tomatoes[C]. In Proc. 12th Conger. Int. Comm. Irrig. Drain. Fort Collins，CO，1984：367-394.

[12] ASHKTORAB H，PRUITT W O，PAUL K T，et al. A new method of surface engergy blance determinations using a micro Bowen Ratio system[C]. Proc. Int. Conf. Measurement of Soil and Plant Status，1987：229-312.

[13] ALLEN S J. Measurement and estimation of evaporation from soil under sparse barely crops in Northern Syrit[J]. Agricultural and Forest Meteorology，1990，49：291-309.

[14] BEN-ASHER J，MATTHIAS A D，WARRICK A W. Assessment of evaporation from bare soil by infrared thermometry[J]. Soil Sci Soc Am J，1983，47：185-191.

[15] 谢贤群. 测定农田蒸发的试验研究[J]. 地理研究，1990（9）：94-102.

[16] 李开元，李玉山. 黄土高原土壤在不同给水条件下的蒸发性能[J]. 干旱地区农业研究，1991（3）：77-84.

[17] 冯宝平，张展羽，张建丰，等. 温度对土壤水分运动影响的研究进展[J]. 水科学进展，2002，13（5）：643-648.

[18] 汪志荣，张建丰，王文焰，等. 温度影响下土壤水分运动模型[J]. 水利学

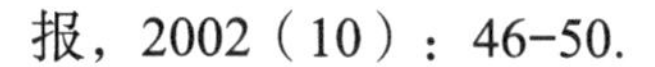
报，2002（10）：46-50.

［19］ 张富仓，张一平，张君常. 温度对土壤水分保持影响的研究[J]. 土壤学报，1997，34（2）：160-169.

［20］ 郑循华，王明星，王跃思，等. 温度对农田NO_2产生与排放的影响[J]. 环境科学，1997（5）：3-7.

［21］ 宋长春，王毅勇. 湿地生态系统土壤温度对气温的响应特征及对NO_2排放的影响[J]. 应用生态学报，2006，17（4）：625-629.

［22］ 丁维新，蔡祖聪. 温度对土壤氧化大气CH_4的影响[J]. 生态学杂志，2003，22（3）：54-58.

［23］ 王琪，马树庆，郭建平，等. 温度对玉米生长和产量的影响[J]. 生态学杂志，2009，28（2）：255-260.

［24］ 李永庚，蒋高明，杨景成. 温度对小麦碳氮代谢，产量及品质影响[J]. 植物生态学报，2003，27（2）：164-169.

［25］ 金正勋，杨静，钱春荣，等. 灌浆成熟期温度对水稻籽粒淀粉合成关键酶活性及品质的影响[J]. 中国水稻科学，2005，19（4）：377-380.

［26］ 阳坤，王介民. 一种基于土壤温湿资料计算地表土壤热通量的温度预报校正法[J]. 中国科学（D辑），2008，38（2）：243-250.

［27］ 陈百炼，张人禾，孙菽芬，等. 一个冰盖近表层热传输模式及其对南极Dome A的温度模拟[J]. 中国科学：地球科学，2010，40（1）：84-93.

［28］ 范爱武，刘伟. 土壤温度和水分日变化实验[J]. 太阳能学报，2002，23（6）：721-724.

［29］ 范爱武，刘伟，王崇琦. 不同环境条件下土壤温度日变化的计算模拟[J]. 太阳能学报，2003，24（2）：167-171.

［30］ 代成颖，高志球，王琳琳，等. 两种土壤温度算法的对比分析[J]. 大气科学，2009，33（1）：135-144.

［31］ 高志球，姜冬梅. 土壤热传导方程解析解和那曲地区土壤热扩散率研究[J]. 气象学报，2002，60（3）：352-360.

［32］ 朱求安，江洪，刘金勋，等. 基于IBIS模型的1955—2006年中国土壤温度模拟及时空演变分析[J]. 地理科学，2010（3）：7.

［33］ 郑辉，刘树华. 数值差分格式及格点设置对土壤温度模拟结果的影响[J]. 地球物理学报，2012，55（8）：2514-2522.

8 讨论与结论及其研究展望

8.1 讨论

8.1.1 水分调亏对根冠关系的调控

在农业生产中，根系作为植物水分和养分吸收器官，其研究逐渐受到重视。随着试验技术的进步和多样化（如大型地下观测室、自动淘洗设备、视频、示踪技术、图像分析等），近20年来根系研究有了很大的进展。如果考虑单株植物的资源（水分、养分）利用效率，就需要将根与冠联系起来（称作根、冠关系），二者构成了作物的整体系统。由于两者功能和所处的环境不同，在水分和养分的供求关系上既互相依赖又互相影响[1, 2]，根、冠间这种相互依赖的生长关系，不仅受植物和环境间物质和能量交换的影响，而且还随植物本身的代谢反应而变化，当环境条件不利时，作物生长受到抑制，根、冠间互相竞争所需物质；而当环境条件改善时，根、冠间更多地表现为互惠[3, 4]。根冠关系是一个涉及面广、相当复杂的问题，可视为环境因素对其作用后，经过植物体内许多基本变化过程和自适应、自调节后最终所表现出的综合效应，因而可以把根与冠看作植物的结构和功能的基础[5]，二者的相互调节对提高作物水分利用效率具有重要作用。

由于作物水分利用效率主要取决于单位叶面积的蒸腾速率和根系吸水能力，因此，作物高效用水的实质是如何使根、冠结构和功能达到最优匹配[6]。如何协调二者的生长关系实现资源的高效利用是一个亟待研究的问题[7, 8]。然而，这方面的研究迄今不多[3]。本项研究结果表明，土壤水分状况显著影响干物质在根、冠间的分配比例，水分调亏均增大根冠比（R/S），且随水分调亏度加重，R/S呈明显增大趋势。说明当出现一定程度水分亏缺时，根系吸水困难，根系从土壤中获得的水分被优先保证根系生长发育需求，使根系受害较地上部分轻，故R/S增大。研究结果同时还表明，在冬小麦生育前期（拔节以前）实施适度的水分调亏有利于增强根系的发育，控制地上部分旺长，提高小麦抗旱能力，这与已有相关研究结论[9-11]基本一致。玉米根冠比（R/S）受水分影响最大的阶段是苗期—拔节期，受水分影响最小的阶段是灌浆期，这与葛体达等的研究结果不尽一致[12]。拔节—抽雄期水分调亏期间能显著增大R/S值，复水后分配到冠部与根部的物质较平衡，维持较为适宜的R/S，因此认为此阶段为通过RDI调控玉米R/S的适宜阶段。从不同生育阶段看，水分调亏基本上是提高棉花R/S的，但不同阶段水分变化对干物质在根、冠间的分配比例的影响又有所不同。在苗期，水分调亏增大R/S的效应最为明显，且随水分调亏度加重R/S呈明显增大趋势。综合比较复水前后测定结果认为，棉花各阶段的中度水分调亏处理（调亏度50%～55%FC），在调亏期间对根系生长有明显促进效应或维持较高的根重值，复水后又有不同程度的根系补偿生长效应或延缓根系衰亡作用，后期仍保持较高的根重值，因而是调控棉花根冠关系的适宜处理。

8.1.2 水分调亏时期与作物补偿效应

调亏灌溉即调控亏水度灌溉的关键，是根据作物的生理生化作用受遗传特性或生长激素影响的特征，在作物生长发育的某一或某些阶段施加一定程度的“有益水分亏缺”，调节其光合产物向不同组织和器官的分配比例，以达到节水增产和改善作物品质的目的。作物不同时期对缺水的敏感性不同，因此在适当的时期对作物进行水分亏缺处理是调亏灌溉成功的关键。对于大多数作物而言，前期阶段植株较小，气温也较低，蒸腾蒸发强度小，需水强度也小，而且早期植株发根能力较强，具渗透调节与弹性调节性能强的特点，利用这种反冲机制进行水分调亏可使作物提前经受干旱锻炼，促进根系生长发育和下扎，控制营养体冗余生长，减少植株能量和质量消耗，复水后生长补偿效应显著，补偿时间充裕，为最终获得较高的经济产量打下基础。而作物生长的中期阶段，是作物株体形成的重要时期，营养生长旺盛，气温较高，蒸腾蒸发强度大，需水强度也大，此期若施加水分调亏，水分亏缺程度发展速度快，对营养体调控过度，减少光合产物积累，对后期经济产量形成不利。作物生长发育后期为营养生长和生殖生长并进阶段，营养生长逐渐减慢，水分调亏对营养体影响较小，但对光合产物及其前期积累物质向籽粒运转过程不利，因而会显著降低经济产量。

许多学者研究表明作物通过产生补偿效应来应对环境的变化。段留生等[13]在对小麦的研究中发现，水分胁迫时，小麦植株从水分吸收、运输、散失和利用的各环节，在形态结构、生理代谢和水分运转等方面均发生适应性调节，水在小麦根叶中的分配，初生根、穗下节维管束特征，根系活力，叶片物质输出等均发生显著变化，最终表现为提高其单株水分利用效率。但对何时进行控水（亏水），以充分利用补偿效应则结果不尽一致。陈晓远等[14]认为前期干旱可增强作物后期的抗旱能力，植株通过补偿生长而部分地弥补前期干旱所减少的生长量。小麦在拔节期复水的补偿作用最大，开花期次之，分蘖期最小。而赵丽英等[15]则认为小麦在孕穗—灌浆初期的一段时间对产量形成起重要作用，干旱将大大降低产量。在灌浆初期—成熟期间进行适当的干旱，可促进灌浆过程，灌浆速率加快，作物体内物质运输不下降，经济产量增加。蔡焕杰、康绍忠等[16]通过对棉花的调亏灌溉试验研究指出，只在花铃开始时期灌1次水的处理与灌2次水的处理产量相差不大，但是如果推迟第二次灌溉，就会产生比较严重的干旱，造成大量叶片脱落，影响产量，因此对于棉花，调亏灌溉只能在花铃开始形成之前进行。对冬小麦的调亏灌溉研究表明，冬小麦返青期亏水对产量无显著影响，其余时期的亏水则会引起不同程度的产量下降[17]。玉米苗期供水量的适当减少有利于后期有机物质的合成，拔节期控水可优化同化产物分配结构，提高经济系数[18]，玉米拔节期最优调亏下限是60%田间持水量，其次是50%田间持水量，低于50%田间持水量调亏下限则减产幅度大于节水幅度，抽雄期以后的调亏处理则基本上都是节水幅度小于增产幅度[19]。

本研究结果表明，冬小麦越冬—返青期水分调亏（返青初期复水），或拔节—抽穗期水分调亏（抽穗初期复水），水分调亏度为50%～65%FC，复水后光合速率补偿效应明显；返青—拔节期水分调亏（拔节初期复水）则对光合速率无显著不利影响；抽穗—灌浆期水分调亏（灌浆末期复水）光合速率受到最强烈抑制，复水后补偿效应又较弱，补偿时间也有限，这与上述文献结果不尽一致。这可能有试验条件的不同，也有试验的区域性差异。

8.1.3 水分调亏与冬小麦籽粒蛋白质含量的关系

小麦是全球种植的大宗农作物之一，是我国第二大农产品，年产量达1亿t

左右，约占粮食总产量的1/5。小麦又是人们的主要食物来源之一，不仅给人类提供热量，也供应大量的蛋白质。据统计，世界小麦蛋白质数量等于肉、蛋、奶蛋白质的总和，籽粒营养价值为鸡蛋蛋白的50%～53%[20]。因此，提高小麦品质特别是蛋白质含量及质量具有重要意义。

小麦品质既受基因型控制，又受生态环境影响[20-22]。按照传统观点，基因型对小麦的籽粒品质起决定作用，但也有研究认为环境作用更为突出[20]。水分是影响小麦品质的重要环境因子之一。国内外研究一致认为降水量与小麦品质呈负相关。降雨通过提高籽粒淀粉产量，稀释籽粒N含量或对土壤有效N的淋溶和反硝化作用而减少籽粒蛋白质的形成[22]。干旱有利于土壤N的积累，从而有利于籽粒蛋白质的形成[23]。国外研究多采用水分胁迫处理造成干旱环境。加拿大Sosulsk的试验表明，增加水分胁迫程度能提高蛋白质含量的25%[22]。有研究认为，减少灌溉可提高球蛋白、谷蛋白和总蛋白含量，并能延长面团形成时间和稳定时间[24]。池栽试验表明，小麦籽粒品质随灌水次数增多而变劣[25]。

上述研究都指出，干旱有利于小麦品质的改善。但也有研究指出，供水不足时，吸收的养分更多滞留在麦秆里，运往籽粒的数量减少[25]，必然会影响到品质。这说明后期通过水分亏缺来改善品质时，水分亏缺程度不宜过高。例如，有研究指出，浇拔节水、孕穗水有利于籽粒贮藏蛋白和谷蛋白大聚合体积累[26]，这可能是水分处理设置水平不一的结果。同时必须注意的是，后期干旱导致品质改善，是以牺牲产量为代价，并不足取。而后期灌水对小麦品质又有一定不利影响，但若能与施氮相结合，可以在增产的同时做到蛋白质含量少减、或不减甚至有所提高[27]。灌溉还是影响加工品质的重要因素[28]。

关于水分与小麦籽粒蛋白质含量的关系，已有许多研究在全生育期控水，即“静水”条件下得到的结果是“土壤含水量与小麦蛋白质含量呈负相关”[5, 29, 30]，但也有相反的结论[31]。而本研究在某阶段控水，即“变水”条件下得到的结果表明，土壤含水量与小麦蛋白质含量的关系比较复杂，即不同生育阶段控水对蛋白质含量的影响存在显著差异性。在冬小麦拔节期以前的水分调亏基本上是降低蛋白质含量，只有拔节—抽穗期的土壤含水量与小麦籽粒蛋白质含量呈负相关关系，即随水分调亏度加重（土壤相对含水量降低）蛋白质含量呈提高趋势（提高幅度为1.01～1.17个百分点），各水分调亏处理间差异不显著，但与对照（充分供水处理）差异均达极显著水平。显然，此阶段是通过水分调亏调控蛋白质含量的适宜阶段。在灌浆期，轻度水分调亏蛋白质含量比对照低0.85

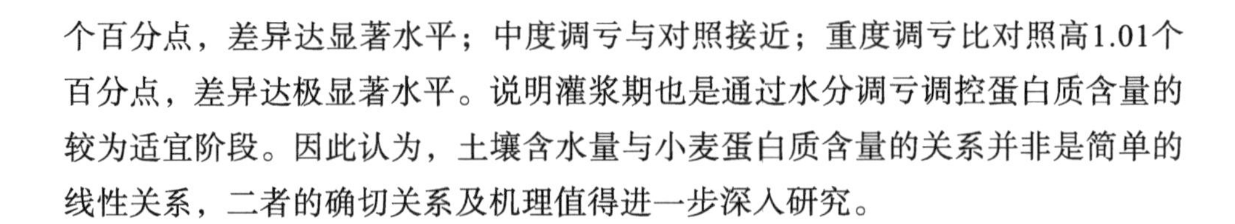

个百分点，差异达显著水平；中度调亏与对照接近；重度调亏比对照高1.01个百分点，差异达极显著水平。说明灌浆期也是通过水分调亏调控蛋白质含量的较为适宜阶段。因此认为，土壤含水量与小麦蛋白质含量的关系并非是简单的线性关系，二者的确切关系及机理值得进一步深入研究。

8.1.4 RDI条件下冬小麦籽粒产量与品质性状间的关系

已有研究认为，小麦产量与品质之间存在明显的相关性[32-34，35-40]，如产量与蛋白质含量间一般存在显著的负相关[38，41-46]，但在适宜条件下二者有时也能够同步增长[41-49]。有研究结果表明，供氮水平可改变籽粒产量和蛋白质含量之间的关系，随施氮量的增加，其关系变化可分为3个阶段：初期二者关系不密切；中期二者呈正相关，即蛋白质含量和产量与籽粒产量同时增加；后期两者呈负相关，即在蛋白质含量和产量增加的同时籽粒产量在下降。不过，在第3个阶段初期，随施氮量增加，蛋白质含量相应提高，品质得到改善，而籽粒产量下降有限，两者的乘积蛋白质产量也有所增加，在蛋白质产量达到最高点时，标志着实现优质、高产的协调统一[50-52]。因此，施氮量应从籽粒产量最高到蛋白质产量最高这个区间内。然而，有关供水状况对小麦产量与品质指标间的相互关系的影响，多限于全生育期某一固定控制水分（静水）条件下的数据分析，而在不同生育阶段不同水分（变水）条件下这些相关性是否会发生改变尚缺乏研究。本研究结果表明，小麦产量与蛋白质含量并非总是存在显著的负相关性，在一定条件下可以减弱或改变这种关系；小麦产量与品质性状间的关系在不同阶段RDI条件下存在显著差异性。在越冬前RDI条件下，籽粒产量与蛋白质含量呈不显著负相关，与氨基酸含量及赖氨酸含量呈显著负相关，与降落值呈微弱正相关。表明此阶段通过水分调控提高籽粒产量并不会明显降低籽粒蛋白质含量，反之亦然；同时可能提高降落值，但会显著降低氨基酸和赖氨酸含量。在越冬期RDI条件下，籽粒产量与蛋白质含量、降落值呈微弱正相关，与氨基酸含量和赖氨酸含量呈负相关，但达不到显著水平。表明此阶段可通过RDI协调籽粒产量和品质性状间的关系，实现产量与品质的同步增长。在返青期RDI条件下，籽粒产量与蛋白质含量呈微弱正相关，与氨基酸含量、赖氨酸含量及降落值均呈微弱负相关，使产量与品质关系得到进一步改善。表明此阶段也是通过RDI实现产量和品质同步提高的适宜阶段。在拔节期RDI条件下，籽粒产量与蛋白质含量呈负相关，接近显著水平；与氨基酸含量和赖氨酸含量均呈显著负相关。表明此阶段难以通过RDI解决产量与品质之间的矛盾。在灌浆期RDI条件下，籽粒产量与蛋白质含量呈负相关，与降落值呈正相关，但均不显著；而籽粒产量与氨基酸含量呈极显著负相关，与赖氨酸含量呈显著负相关。表明此阶段通过RDI也难以协调好产量与品质的关系。

8.2 结论

国际上20世纪70年代中期提出调亏灌溉（RDI）问题（澳大利亚），80年代研究其节水增产效应，90年代开始品质和指标研究。国内同类研究于1988年起步（中国农业大学曾德超等）。但已有研究主要对果树等园艺作物的调亏灌溉问题进行了一些探索，而且研究内容主要集中于灌水技术方面，对RDI条件下作物的生理反应机制涉及甚少。本书以多种作物为试验材料开展调亏灌溉研究，提高了研究结果的通用性，拓展了调亏灌溉的研究与应用领域。首先，探讨了作物调亏灌溉的理论依据和生态生理机制，采用系统分析的观点，不仅研究水分调亏时段内作物的生态生理变化，更侧重于系统研究复水后的作物生理代谢和补偿机制；在此基础上，考虑作物水分散失与光合作用的耦合关系，在提高水分利用效率和光合产物向籽粒转化效率的目标下，寻求最优调亏灌溉指标，建立调亏灌溉模式；进而对调亏灌溉与营养调节等农艺技术因素的结合及其数学模型进行了试验研究，提高了调亏灌溉的可操作性。在国内较少如此系统地对冬小麦、夏玉米和棉花调亏灌溉问题进行研究，因而为作物水分胁迫研究由长期以来的单纯试验性质发展成为一门有理论基础和具体方法的学科方向提供了理论依据和技术参数，丰富和充实了农田灌溉学科。

本研究采用防雨棚下盆栽、筒栽和测坑栽培等人工控制性试验相结合，定性研究与定量研究相结合，常规方法与先进技术相结合，借助一系列先进仪器和设备的有力支持，取得了系统的第一手试验数据，为研究结果的可靠性提供了试验技术上的保证。试验研究得出的主要结论概括如下。

（1）大田粮食作物冬小麦和夏玉米、经济作物棉花实施调亏灌溉是可行的，可以同时实现节水、高产、优质和高效目标。其主要生态生理机制是，调亏灌溉减少了棵间蒸发，水分调亏时段内显著降低蒸腾速率，抑制“奢侈蒸

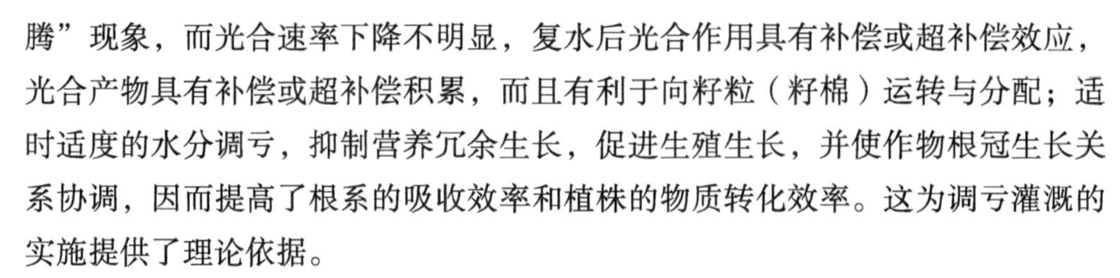

腾”现象，而光合速率下降不明显，复水后光合作用具有补偿或超补偿效应，光合产物具有补偿或超补偿积累，而且有利于向籽粒（籽棉）运转与分配；适时适度的水分调亏，抑制营养冗余生长，促进生殖生长，并使作物根冠生长关系协调，因而提高了根系的吸收效率和植株的物质转化效率。这为调亏灌溉的实施提供了理论依据。

（2）RDI对作物根冠生长及其关系的影响因不同作物、不同水分调亏阶段和不同水分调亏度而有所不同。冬小麦在拔节—抽穗期，夏玉米在拔节—抽雄期施加中度水分调亏（调亏度为50%~55%FC），可有效抑制株高生长，促进植株健壮生长，防止后期倒伏并提高经济产量；轻、中、重度水分调亏处理下棉花株高最终均无显著降低。冬小麦在拔节前水分调亏期间根系生长受到强烈抑制，复水后根系具有“补偿生长效应”或“超补偿生长效应”；玉米生长中、后期水分调亏具有促进根系发育和减缓根系衰亡的“双重效应”；水分调亏不改变棉花根系生长的原有总趋势，但对根系生长速率具有促进作用。冬小麦水分调亏均增大根冠比（R/S），且随水分调亏度加重，R/S呈明显增大趋势；玉米在拔节—抽雄期水分调亏期间能显著增大R/S值，复水后分配到冠部与根部的物质较平衡，维持较为适宜的R/S值；棉花各阶段的中度水分调亏（调亏度为50%~55%FC），在调亏期间对根系生长有明显促进效应或维持较高的根重值，复水后又有不同程度的根系补偿生长效应或延缓根系衰亡作用，后期仍保持较高的R/S值。

（3）适时适度的水分调亏复水后作物光合速率具有补偿或超补偿效应，光合产物具有补偿或超补偿积累，且有利于向籽粒或籽棉运转与分配。冬小麦RDI的适宜阶段为拔节期及其以前各生育阶段，调亏度为50%~65%FC（Field capacity，FC）；夏玉米以拔节前的中度调亏（50%~55%FC）或拔节—抽雄阶段的轻度调亏（60%~65%FC）为宜；棉花以苗期或吐絮期实施调亏灌溉较为适宜，苗期轻、中度调亏，调亏度为60%~65%FC或50%~55%FC；吐絮期中度调亏，调亏度为50%~55%FC。

（4）适时适度的水分调亏可降低作物蒸腾速率，抑制作物“奢侈蒸腾”现象，显著减少水分散失；作物耗水量随水分调亏度加重而降低，二者呈二次曲线关系；适时适度的水分调亏可增加作物经济产量，冬小麦在返青前、夏玉米在拔节前、棉花在苗期水分调亏既增产又节水；冬小麦、夏玉米在拔节期及其以前水分调亏最有利于提高WUE，冬小麦适宜的水分调亏度为50%～55%FC，夏玉米适宜的水分调亏度为60%～65%FC；棉花苗期调亏WUE显著提高，适宜水分调亏度为50%～60%FC。据此提出了作物RDI指标与模式，可供因地制宜灵活选用。

（5）小麦籽粒蛋白质含量与土壤含水量并非总是呈负相关关系，不同生育阶段控水对蛋白质含量的影响存在显著差异性，优质小麦蛋白质含量仅与拔节—抽穗期土壤含水量呈负相关关系。在RDI条件下，氨基酸含量与蛋白质含量的变化是同步的，无论在哪个生育阶段适度的水分调亏均可提高氨基酸含量，而且在抽穗期以前，无论水分调亏度如何，随着调亏阶段的推迟氨基酸含量呈增加趋势；其中，氨基酸含量对拔节—抽穗期的水分调亏反应最为敏感，其次是灌浆期。优质小麦籽粒产量、蛋白质产量和氨基酸产量等对土壤水分状况的反应是一致的。在小麦拔节以前施加轻或中度水分调亏，籽粒产量、蛋白质产量和氨基酸产量等不会显著降低（降低幅度分别为0.3%～11.1%、4.6%～14.6%和2.7%～13.3%）甚或略有增产，重度调亏会显著减产（减产幅度分别为11.5%～23.3%、11.4%～24.3%和8.3%～19.2%）；拔节以后的水分调亏会导致严重减产（减产幅度分别为24.2%～70.1%、19.8%～68.2%和15.5%～65.7%），尤其是拔节—抽穗期，即使是轻度调亏也会导致显著减产（分别减产24.2%、19.8%和15.5%）；但灌浆期轻度调亏不会导致籽粒和蛋白质产量显著减少（分别减少1.7%和6.6%），而氨基酸产量略有增加（1.1%），并且节水效果显著（31.4%）。

（6）小麦产量与蛋白质含量并非总是存在显著的负相关性，在一定条件下可以减弱或改变这种关系；小麦产量与品质性状间的关系在不同阶段RDI条件下存在显著差异性。据此认为，高产与优质的矛盾并非不可协调。本研究结果初步证实了RDI提高优质小麦籽粒品质效应的真实存在和在优质小麦生产中“以水调质”的可行性。

（7）水分调亏与营养水平间存在明显互作效应，水分调亏的负面效应可通过合理施肥予以补偿。冬小麦在中等营养水平下RDI可同时实现节水增产高效综合目标；夏玉米在中、高营养水平下的水分调亏比低营养水平下的水分调亏更有利于提高经济产量和水分利用效率。RDI与秸秆覆盖相结合，显著提高了作物用水和用肥的有效性，因而有显著的增产效果；秸秆覆盖对RDI具有显著的增效作用。

（8）根据多因子正交旋转组合设计综合试验资料，分别建立了3种作物经

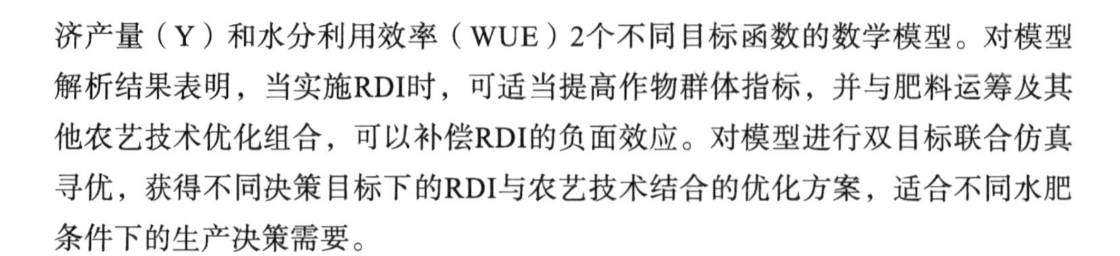
济产量（Y）和水分利用效率（WUE）2个不同目标函数的数学模型。对模型解析结果表明，当实施RDI时，可适当提高作物群体指标，并与肥料运筹及其他农艺技术优化组合，可以补偿RDI的负面效应。对模型进行双目标联合仿真寻优，获得不同决策目标下的RDI与农艺技术结合的优化方案，适合不同水肥条件下的生产决策需要。

8.3 本研究创新之处

（1）在国内较少如此系统地对冬小麦、夏玉米和棉花调亏灌溉问题进行研究，因而为作物水分胁迫研究由长期以来的单纯试验性质发展成为一门既有理论基础又有具体方法的学科方向提供了理论依据和技术参数。国内其他有关作物水分胁迫研究大多集中在水分胁迫时段内的作物生态生理变化，拘泥于静态缺水条件下研究作物抗旱性和最佳供水时期，而且属于非充分灌溉理论问题的范畴和单纯试验性质，对作物不同生育期不同程度水分亏缺的适应性、水分亏缺正效应、水分亏缺的后效性和水分亏缺结束复水后的补偿效应涉及甚少。

（2）研究提出小麦籽粒蛋白质含量与土壤含水量并非总是呈负相关关系，不同生育阶段水分调亏对蛋白质含量的影响存在显著差异性，即“时段性”的观点，对“蛋白质与土壤水分关系”理论作了重要补充。

（3）研究提出小麦籽粒产量与蛋白质含量并非总是存在显著的负相关性，在一定条件下可以减弱或改变这种关系；小麦产量与品质性状间的关系在不同阶段RDI条件下存在显著差异性。据此认为，高产与优质的矛盾并非不可协调。本研究结果初步证实了RDI提高优质小麦籽粒品质效应的真实存在和在优质小麦生产中“以水调质”的可行性。这一结论对“作物产量与品质关系”理论作了重要修正。

（4）目前国内外已有的RDI对经济产品品质影响的研究仅限于果树等少数园艺作物的果实品质，而关于RDI对大田粮食作物籽粒品质性状影响的研究报道资料甚少。笔者就RDI对专用型小麦籽粒产量和品质性状影响进行试验研究，无论是对RDI研究领域，还是对小麦品质生态生理研究领域都具有创新性的理论价值和实践意义。

（5）调亏灌溉研究开展至今，大多集中在调亏灌溉可行性、生态生理机制和调亏灌溉适宜指标等方面，关于调亏灌溉与营养调节等农艺技术因素结合及其数学模型的研究尚未涉及。事实上，一种新的灌溉方法应有与之相配套的农艺技术组合，才能充分发挥其优越性。因此，笔者就此进行了探讨，建立了高产和高WUE双目标函数数学模型，并用计算机进行了双目标联合仿真，提出了调亏灌溉条件下的优化农艺方案，提高了调亏灌溉研究的系统性、科学性和可操作性；进一步充实和完善了RDI理论与技术，使其真正成为一门既有丰富理论基础，又有具体操作方法的学科方向。

8.4 今后研究设想

本研究中取得了部分成果、重要进展和一些有价值的资料。然而，由于试验结果是在盆栽、筒栽和测坑条件下获得的，尽管采用了严格的控制方法加以模拟，但仍与田间试验和大田生产存在较大差异，因而结果有一定局限性，今后应该考虑进行自然条件下的田间试验。在试验过程中观测项目不够全面，如本试验测定的一些小麦籽粒品质和生理指标由于受试验条件和取样数量的限制，仍有许多指标没能测定，尤其是蛋白质、氨基酸和淀粉合成中的相关酶类，光合过程中关键酶的变化，产量和品质形成的内源激素调控，以及与面粉品质相关的一些指标等，都有待于进一步研究和完善。对试验数据的处理和分析还不够细致深入，有些结果尚需进一步推敲和重复试验，有待于在今后的研究工作中采用多种试验设计与处理技术相结合的方法进一步补充、深化、完善和提高。而且，调亏灌溉是一种新的灌溉方法，其研究工作本身就属于一种新的探索，理论基础和可操作方案研究任务还很重，许多问题亟待继续开展深入研究。综观国内外文献资料和吸收有关专家学者的学术思想，笔者认为RDI技术需要进一步研究的问题主要有以下几个方面。

（1）不同作物与种植结构的适宜RDI模式研究。RDI最早应用于果树，且其研究仍然在继续，虽然不同地域、不同品种的RDI结果有一定差异性，但就果树的RDI技术而言，其体系已基本成熟。而对粮食、经济、油料、蔬菜和瓜果等作物的RDI指标与模式研究还远远不够，多样化的种植结构和模式的RDI问题涉及更少，这些都有待于进一步研究。

（2）RDI对作物经济产品品质形成调控机制的研究。RDI能够改善作物经济产品的品质，这一点已被初步证实。但RDI条件下作物产量和品质形成的内源激素调节和酶学基础的研究成果尚不多见，尤其是RDI与营养调节等农艺技术因素的结合对作物经济产品品质形成的协同调控效应与机制研究尚属空白，应成为今后重点深入研究的一个方向。

（3）RDI的农田微生态效应研究。包括RDI条件下农田近地面微气象因子变化，作物冠层生态效应，农田土壤水、热传输及养分和盐分运移，农田生物学环境响应等。

（4）RDI田间运行方式与技术研究。不同的灌水策略对某种灌水技术系统的水分利用效率和作物的生产效率均产生很大的影响。而灌水策略不同，则需要采用与之相匹配的灌水技术。RDI要求少量、定量、定时、均匀灌溉，以使土壤水分达到控制指标，进而使作物在某个生长发育阶段植株水势维持在一定水平范围，产生有益的水分亏缺效应。显然，传统的地面灌溉方法是达不到这个要求的，需要通过田间试验和分析，优选出适合于不同作物和种植结构的RDI田间运行技术系统，以提高RDI的科学性、实用性与可操作性。

参考文献

[1] SHANGGUAN Z P，SHAO M A，REN S J，et al. Effect of nitrogen on root and shoot relations and gas exchange in winterwheat[J]. Bot Bull Acad Sin，2004，45：49-54.

[2] 任书杰，张雷明，张岁岐，等. 氮素营养对小麦根冠协调生长的调控[J]. 西北植物学报，2003，23（3）：395-400.

[3] 冯广龙，罗远培. 土壤水分与冬小麦根、冠功能均衡关系的模拟研究[J]. 生态学报，1999，19（1）：96-103.

[4] CHEN X Y，LIU X Y，LUO Y P. Effects of soil moisture on dynamic distribution of dry matter between winter wheat root and shoot[J]. Agricultural Science in China，2003，10：1144-1150.

[5] 程宪国，汪德水，张美荣，等. 不同土壤水分条件对冬小麦生长及养分吸收的影响[J]. 中国农业科学，1996，29（4）：67-74.

[6] 高志红，陈晓远，罗远培. 不同土壤水分条件下冬小麦根、冠平衡与生长稳定性研究[J]. 中国农业科学，2007，40（3）：540-548.
[7] PARSONS R，SUNLEY R J. Nitrogen nutrition and the role of root-shoot nitrogen signaling particularly in symbiotic systems[J]. Journal of Experimental Botany，2001，52：435-443.
[8] ANYIA A O，HERZOG H. Water-use efficiency，leaf area and leaf gas exchange of cowpeas under mid-season drought[J]. European Journal of Agronomy，2004，20：327-339.
[9] LIEDGENS M，RICHNER W. Relation between maize（*Zea mays* L.）leaf area and root density observed with minirhizotrons[J]. European Journal Agronomy，2001，15（2）：131-141.
[10] 杨贵羽，罗远培，李保国. 苗期土壤含水率变化对冬小麦根、冠生物量累积动态的影响[J]. 农业工程学报，2004，20（2）：83-86.
[11] 刘晓英，罗远培. 水分胁迫对冬小麦生长后效影响的模拟研究[J]. 农业工程学报，2003，19（4）：28-31.
[12] 葛体达，隋方功，李金政，等. 干旱对夏玉米根冠生长的影响[J]. 中国农学通报，2005，21（1）：103-109.
[13] 段留生，关彩虹， 何钟佩，等. 开花后水分亏缺对小麦生理影响与化学调控的补偿效应[J]. 中国生态农业学报，2003，11（4）：114-117.
[14] 陈晓远，罗远培. 土壤水分变动对冬小麦生长动态的影响[J]. 中国农业科学，2001，34（4）：403-409.
[15] 赵丽英，邓西平，山仑. 开花前后变水条件对春小麦的补偿效应[J]. 应用与环境生物学报，2002，8（5）：478-481.
[16] 蔡焕杰，康绍忠，张振华，等. 作物调亏灌溉的适宜时间与调亏程度的研究[J]. 农业工程学报，2000，16（3）：24-27.
[17] 郭相平，康绍忠，索丽生. 苗期调亏处理对玉米根系生长影响的试验研究[J]. 灌溉排水，2001，20（1）：25-27.
[18] 康绍忠，史文娟，胡笑涛，等. 调亏灌溉对于玉米生理指标及水分利用效率的影响[J]. 农业工程学报，1998，14（4）：83-86.
[19] 王密侠，康绍忠，蔡焕杰，等. 调亏对玉米生态特性及产量的影响[J]. 西北农业大学学报，2000，28（1）：31-36.

[20] 荆奇，曹卫星，戴廷波. 小麦籽粒品质形成及其调控研究进展[J]. 麦类作物，1999，19（4）：46-50.

[21] SOUZAE J，MARTINJMETC. Influence of genotype，environment and nitro-genmanagement onspringwheat quality[J]. Crop Sci，2004，44（2）：425-432.

[22] 章练红，王绍中，李运景，等. 小麦品质生态研究概述与展望[J]. 国外农学—麦类作物，1994（6）：42-44.

[23] 严美玲，蔡瑞国，贾秀领，等. 不同灌溉处理对小麦蛋白组分和面团流变学特性的影响[J]. 作物学报，2007，33（2）：337-340.

[24] 赵广才，何中虎，田奇卓，等. 农艺措施对中优9507小麦蛋白组分和加工品质的调节效应[J]. 作物学报，2003，29（3）：408-412.

[25] 王晨阳，郭天才，彭羽，等. 花后灌水对小麦籽粒品质性状及产量的影响[J]. 作物学报，2004，30（10）：1031-1035.

[26] 许振柱，于振文，王东，等. 灌溉条件对小麦籽粒蛋白质组分积累及其品质的影响[J]. 作物学报，2003，29（5）：682-687.

[27] 秦武发，李宗智. 生态因素对小麦品质的影响[J]. 北京农业科学，1989（4）：21-25.

[28] 许振柱，于振文，张永丽. 强筋小麦高产优质高效灌溉方案的研究[J]. 山东农业科学，2002（1）：20-22.

[29] 王月福，陈建华，曲健磊，等 土壤水分对小麦籽粒品质和产量的影响[J]. 莱阳农学院学报，2002，19（1）：7-9.

[30] 张宝军，樊虎玲. 环境条件对小麦蛋白质的影响研究进展[J]. 水土保持研究，2002，9（2）：61-63.

[31] 许振柱，于振文，王东，等. 灌溉条件对小麦籽粒蛋白质组分积累及其品质的影响[J]. 作物学报，2003，29（5）：682-687.

[32] BASSETT L M，ALLAN R E，RUBENTHALER G I. Genotype × environment interactions on soft white winter wheat quality[J]. Agronomy J，1989，81：955-960.

[33] BENZIAN B，LANE P W. Protein content of grain in relation to some weather and soil factors during 17 years of English winter-wheat experiments[J]. J Sci Food Agric，1986，37：435-444.

［34］ 蔡大同，王义柄，茆泽圣，等. 播期和氮肥对不同生态系统优质小麦品种产量和品质的影响[J]. 植物营养与肥料学报，1994，9（1）：72-83.

［35］ 范金萍，吕国锋，张伯桥. 播期对小麦主要品质性状的影响[J]. 安徽农业科学，2003，31（1）：23-24.

［36］ 郭天财，彭羽，朱云集，等. 播期对不同穗型、筋型优质冬小麦品质的影响[J]. 耕作与栽培，2001（2）：19-20.

［37］ 郭天财，张学林，樊树平，等. 不同环境条件对三种筋型小麦品质性状的影响[J]. 应用生态学报，2003，4（6）：917-920.

［38］ 荆奇，姜东，戴廷波，等. 基因型与生态环境对小麦籽粒品质与蛋白质组分的影响[J]. 应用生态学报，2003，14（10）：1649-1653.

［39］ 金善宝. 小麦生态学理论与实践[M]. 杭州：浙江科学技术出版社，1992：167-181.

［40］ 林素兰. 环境条件及栽培技术对小麦品质的影响[J]. 辽宁农业科学，1997（2）：30-31.

［41］ SPIERTZ J H J. The influence of temperature and light intensity on grain growth in relation to the carbohydrate and nitrogen economy of the wheat plant[J]. Neth J Agric Sci，1977，25：182-197.

［42］ TRIBIO E，ABAD A，MICHELENA A，et al. Environmental effects on the quality of two wheat genotypes. 1. Quantitative and qualitative variation of storage proteins[J]. Euro J Agron，2000，13（1）：47-64.

［43］ 王绍中，章练红，徐雪林，等. 环境生态条件对小麦品质的影响研究进展[J]. 华北农学报，1994，9（增刊）：141-144.

［44］ WHEELER T R，BATTS G R，ELLIS R H，et al. Growth and yield of winter wheat（*Triticum aestivum*）crops in response to CO_2 and temperature[J]. J Agric Sci，1996，127：37-48.

［45］ 吴东兵，曹广才，强小林，等. 生育进程和气候条件对小麦品质的影响[J]. 应用生态学报，2003，14（8）：1296-1300.

［46］ 张艳，何中虎，周桂英，等. 基因型和环境对我国冬播麦区小麦品质性状的影响[J]. 中国粮油学报，1999，14（5）：1-5.

［47］ COOPER M，WOODRUFF D R，PHILLIPS I G，et al. Genotype-by-management interactions for grain yield and grain protein concentration of wheat[J]. Field Crops Res，2001，69：47–67.

[48] DANIEL J M，GUSTAVO A S. Individual grain weight responses to genetic reduction in culm length in wheat as affected by source-sink manipulations[J]. Field Crops Res，1995，43：55–66.

[49] DANIEL C，TRIBOY E. Changes in wheat protein aggregation during grain development：effects of temperatures and water stress[J]. Euro J Agron，2002，16（1）：1–12.

[50] 秦武发，李宗智. 氮素供应对小麦品质的影响：I. 供氮量[J]. 河北农业大学学报，1989，12（3）：1–7.

[51] 茜大彬，张贵民，张松树. 肥水条件对小麦加工品质效应的研究[J]. 华北农学报，1989，4（1）：35–40.

[52] 王立秋. 氮磷肥对春小麦产量和品质的影响及效益分析[J]. 干旱地区农业研究，1994（3）：8–13.